国家自然科学基金委青年基金 51508457

人居环境可持续发展论丛（西北地区）

西安市大遗址保护
对城市空间影响的量化分析

Quantitative Analysis of the Influence of the Great
Historic Sites Protection on Urban Space in Xi'an

竺剡瑶　李丹阳　高语杉　张海岳　著

中国建筑工业出版社
CHINA ARCHITECTURE & BUILDING PRESS

图书在版编目（CIP）数据

西安市大遗址保护对城市空间影响的量化分析／竺剡瑶等著.
北京：中国建筑工业出版社，2018.11
人居环境可持续发展论丛（西北地区）
ISBN 978-7-112-22701-3

Ⅰ.①西… Ⅱ.①竺… Ⅲ.①文化遗址－文物保护－影响－城市
空间－研究－西安 Ⅳ.①TU984.241.1

中国版本图书馆CIP数据核字（2018）第214629号

　　本书分析了在城市发展进入存量优化的新型时代背景下，城市发展中所实施的遗址保护规划项目的得失问题。以西安及其城市中的三个大遗址片区（曲江遗址片区、唐大明宫遗址片区、汉长安城遗址片区）为例，通过量化研究的途径，阐述了大遗址区域对于城市空间的持续影响。

责任编辑：李　杰　石枫华
责任校对：芦欣甜

人居环境可持续发展论丛（西北地区）
西安市大遗址保护对城市空间影响的量化分析
竺剡瑶　李丹阳　高语杉　张海岳　著
＊
中国建筑工业出版社出版、发行（北京海淀三里河路9号）
各地新华书店、建筑书店经销
北京锋尚制版有限公司制版
天津翔远印刷有限公司印刷
＊
开本：787×1092毫米　1/16　印张：10½　字数：209千字
2018年12月第一版　2018年12月第一次印刷
定价：52.00元
ISBN 978－7－112－22701－3
　　　（32815）

目录

1.1 研究的缘起与背景

1.1.1 城市空间发展的新动态

1. 存量发展的现状

新中国成立初期，我国城镇化在全球范围内起点很低。但随着改革开放政策的推行，进入了高速发展阶段，仅凭短短30年便创造了举世瞩目的成就，这为我国加速实现全面工业化提供了坚实保障。从新中国成立初到现在，我国城镇化经历了缓慢的起步发展和快速发展两个阶段，并逐渐进入了以存量优化为特征的城市发展新阶段。

在我国城镇化初期，凭借着外向型经济的强大发展动力，以及一系列有效政策，如"土地有偿使用""中央和地方分税"等，其扩张发展的途径主要是以新征土地作为空间资本，通过垄断原始土地市场所得的土地溢价为主要资金来源，同时采用廉价生产要素和非均等化基础服务设施来压低过程成本等方式，这些方法无疑实现了城市空间的高速发展，但同时也带来了许多城市问题。随着新的历史时期的到来，国内和世界环境深刻改变，原有的城镇化发展方式将无法支撑我国城市长期的可持续发展。以2013年"中央城镇化工作会议"为标志，我国的城市建设在经历了漫长的起步期、高速发展的扩张期之后，终于进入了以提升质量为主的转型发展新阶段。由于土地资源的日益紧缺，大刀阔斧的土地扩张已经不可能重演，而同时，人们对于生活品质和空间质量的追求，则必然引起通过利用现有空间资源来进行集约型发展这一转变。未来城市的空间建设将不再是以增加土地占有量为主要方式，而必须实现对已建成环境内的存量空间资源的再利用与重新整合。我们所说的以存量优化为特征的城市发展新阶段，正是这样一种转型期。在此阶段，土地扩张、人口激增将逐渐减缓甚至停止，而对于建成区的土地集约利用、空间功能优化、产业业态复合与调整将快速拉开帷幕。

当前，以存量优化为目标的城市设计方法已经成为各城市提高建设水准的必要途径。我国住房和城乡建设部于2017年6月出台的《城市设计管理办法》以及正在完善的《城市设计基本技术管理规定》将成为我国新城市设计的指导性文件。而各地也将以此纲领为基础，结合地方现状、利用地方特色推进城市设计的进一步完善，针对存量优化的最终目标开展进一步的研究和探索。目前，我国处于产业升级、转型发展的关键时期，对土地资源扩张的限制，不仅敲响了城市空间资源盲目浪费的警钟，更是强有力地限制了以利用垄断征地权而带来一次性资金来源的形式。原有的以土地资源消费为主要方式的开发模式将不再可行。这样的限制也会刺激城市将目光投向更为科学合理的产业构成模式，进而正向反馈在土地价值的提升上，为城市提供空间重新利用的可能与驱动力。以存量发展为主体的城市发展新阶段对空间发展所提出的新目标为：①提供均等化、高质量的公共服务；②建立可持续的、长期有效的增长方式。只有实现了这两个目标，政府才有可能凭借相对有限的空间资源，灵活使用多元化的资金来源以达到更高的城镇化质量。那么，为了实现这两个目标，对于现存空间的精细化设计和更新就成为设计方向的大势所趋。

2. 城市更新精细化设计的必然

实际上，精细化设计并非近年所产生，自产业革命之后兴起的城市更新中就已经有了精细化设计的意味，并且对第二次世界大战以后的欧美城市建设产生了重要的影响。20世纪以来，欧美城市的更新历程大致可以划分为5个阶段：首先是40～50年代的物质形态更新，其次是60～70年代的社区更新改造，再次是80～90年代的旧城开发，接着是20世纪末的城市综合复兴，最后到了21世纪，则将城市更新的目标从单一的城市目标转向了城市整体空间，从关注城市物质空间转变为注重人居环境的品质优化，并且开始强调自下而上的社会参与。

随着新时代背景下城市现代化、品位化、特色化进程的加快及城镇化建设力度的增强，城市粗放发展所带来的问题与日俱增，建成区的土地空置成为城市的灰色地带；由于急功近利而造成的建成环境的粗糙影响了城市生活的品质；建成空间的实际使用情况与预想规划不一致等等。这些粗放的城市设计理念、方式及手段早已无法承载现代化城市生活的诸多要求。为进一步提高城市空间质量，我们不得不将工业精细化设计的理念融入现代化城市设计中来。尊重"注重细节、立足专业、科学量化"的精细化原则，应用高效率、低投入的高新技术手段解决当前存在的粗放发展问题，从而实现城市的精细化设计才是问题的解决之道。城市精细化设计要求重视城市空间的细节，做到空间功能与产业上的精耕细作、配比均衡、相得益彰，技术手段上科学量化、精益求精。因此，随着城市空间设计的精细化要求，对于空间的量化研究也成为势在必行的研究途径。

3. 城市空间量化研究的趋势

目前，在新的历史时期，在全球经济一体化的背景下，我国城市空间呈现出崭新的发展特征。例如，持续的人口迁移，生产消费与再生产再消费循环的形成，都是新时期城市发展的社会特征。与此同时，前所未有的空间实践也正在改写各地城市的历史。城市移民和身份认同、阶层化与阶层排斥、社会的精细化分工、社会单元的个体化等等，这些社会现象都形成了新时期的城市环境与空间特征。面对城市空间的新特征，传统聚焦于城市空间几何形态的研究方式显然已走入穷途末路。因此，寻找一种新型的、精准化的城市空间研究方法，对于超越城市形态的差异性研究，有效地解决社会、经济和环境等问题，将成为一个新的研究领域。

基于社会和物理空间（如人类运动）之间的联系，社会物理学认为城市是从不断累积的人类行为中产生的，而城市现象学正是讨论了物理意义上的城市空间是如何体现在人类的经验和行为中的，并试图从不同的方向建立社会行为与实体空间之间的桥梁。而几乎所有用以解析的桥梁都采用了量化的途径。例如，迈克尔巴迪的城市空间网络模型模拟了一个新的框架，用于理解复杂系统的自组织行为。米歇尔·福柯（Michel Foucault）将人与城市之间的关系定义为一个网络，并暗示二者的关系是由空间而不是时间产生的。他还强调了场所和空间的重要性，以及空间的"历时性"和"同步性"。亨利·列斐伏尔指出空间不仅只是社会的客观背景陪衬，而是社会本身的存在形式。也有一些学者通过统一主体和客体的互动结构，从空间角度分析社会行为。例如，凯文林奇的"认知地图"将人们对空间的感知与他们在空间中的行为联系起来；比尔·希利尔（Bill Hillier）的"空间句法"基于"空间组构"概念，在凯文林奇的基础上进一步研究了空间的社会逻辑。

自此，对于空间研究的社会化、历时化转向影响了几乎所有的城市研究领域。空间不再是均匀、平缓、停滞和抽象的几何地形，而是等级化、差异化、多样化和时刻动态变化的时空坐标中的网络现象。而用以搭接空间与种种现象之间关系的沟通手段则是量化的途径。唯有通过将复杂的社会、时间和空间现象都转译为量化数值时，它们之间的关系才有可能被准确地呈现出来。至此，量化的空间研究方法成为城市研究的必由之路。

总之，量化城市空间理论涵盖了空间、历史和社会的三个维度。不同的理论使用不同的方法来考虑和量化三者之间的影响关系。需要指出的是，量化的空间研究并不能替代传统的经验研究，而是用于进一步理解空间基本结构的分析方法。它强调空间结构及其固有的空间属性，旨在发现城市空间中上演的看似随机的社会现象背后的空间规律和原因。此外，空间量化研究的数学属性，允许我们交叉检验不同的城市中规则或不规则的空间形式，以揭示相同的核心内部秩序。

量化的城市模型，都是为解决某类城市问题而建立的空间基本模型，其指标体系置于严格的数学逻辑的检验之下，并通过实证案例进行验证。通过这种方法，可以通过较长时间的观测来发现城市形态变化中所包含的普遍规律，并为存量优化方式提供更为精确合理的调控方案。

1.1.2 研究大遗址对城市空间影响的意义

前文描述了对城市空间进行量化研究的必要性，以及大遗址的价值和遗址保护与城市发展的矛盾、共生现象，接下来将对量化研究遗址对城市空间影响的三方面意义进行阐述。

1. 分析遗址开发的投入产出

随着对遗址再利用观念的兴起，各地方政府、民间都开始了对遗址的开发行为。以西安为代表的许多古都名城，更是希望借助城市内的遗址，打造城市名片，弘扬城市文化。因此，在遗址开发方面可谓不遗余力，投入的人力、物力也不容小觑。例如，长沙铜官窑国家考古遗址公园仅一期工程就投资2.8个亿，西安大明宫遗址公园总投资达120亿。在各色遗址公园、古街、风情园粉墨登场时，却并不是每一次投资都获得了理想的回报。在2012年，西安网友已经将大明宫遗址公园列为最不值得去的十大景区之一。以大明宫遗址为代表的诸多"遗址公园"人际寥落，是不容忽视的事实。

可见，对于如何利用遗址作为城市空间的推动因素，并不是划定保护区、建设遗址公园那么简单，如果开发不当则极易造成巨大的资源浪费。本研究正是运用空间句法和大数据更为全面和系统地理解遗址空间在城市历史中的演变，以及它对城市空间所产生的潜移默化的影响，量化地分析遗址开发项目在不同方面的得失。

2. 深入解读遗址的空间价值和作用

20世纪末，随着自然环境的恶化和能源的枯竭，人们开始反思过去的行为。可持续性是反思后的结论。"可持续"这个词不是纯粹的环境保护，它的内涵几乎包含人类生活的所有重要方面。这也使得学术界的不同学科和组织从自己的角度对"可持续性"进行定义。对于城市内大遗址的可持续性，应当从能全面且持续使用遗址为出发点。就遗址保护来说，伟大的遗迹中蕴藏着灿烂的文化，应长期展示于民，不可盲目关注眼前利益。从城市发展的角度看，作为城市组成部分的遗址区域本身就是一种优质的城市资源。

城市不是固定的文化遗迹，而是一个不断生长的有机体。虽有其遗存的一面，如遗址、古建筑等，更有其不断发展的城市形态和内涵。归根结底，城市是人类赖以生存和繁衍的地方。无论城市的历史格局和旧有的城市结构有多大价值，随着社会发展和城市进步，后人总是根据自身的需要对旧城遗留下来的城市形态进行改革和再造。在新陈代谢的过程中，城市的形态不断发生演变，这是历史的必然。遗址作为历史的一个过程，参与了城市形态的演变。无论是主动的，还是被动的，城市遗址的不可再生性和非流动性都决定了其所占用的城市土地与其他区域的城市建设方式必然不同。对遗址区的僵化保护也好，积极利用也好，它们的存在对整个城市土地结构的变化有着不可忽略的影响。例如，曲江池遗址公园的建设，使遗址及其周边区域的生态环境较为优越，在很大程度上促进了该片区商业和新房地产的发展。如何量化记录和分析遗址周边规划建设前后的变化，或可为今后的遗址再利用提供直观的参考和数据。本研究的另一意义也在于为遗址开发寻找更为恰当的途径；为遗址再利用研究提供新的衡量标准；拓展这一领域的研究角度和方法。从空间发展的角度重新解读遗址空间的价值和作用，从空间功能、出行经济、城市生态和社区吸引力四个方面探索遗址空间的潜能，使遗址空间更好地融入城市空间系统，从而促进城市的可持续发展。

3. 以西安市为例，通过考察西安的得失，获得更普适的经验

据《西安市第四次城市总体规划》统计，西安市共列入全国重点文物保护单位41处，省级文物保护单位65处，市县级文物保护单位176处，登记在册文物点共2 944处。遗址类型之多、分布范围之广泛和密集、遗址空间之丰富程度，在全国范围内有很高的典型性。从早期的第一轮整体规划，到目前的第四轮规划，西安市已经实施了大批建筑遗产保护与再利用项目，在全力实施项目的同时，对实施的效果却缺乏相应的考察。本项目通过实地调研和数据分析，对西安市进行大力开发，并且对运行了一段时间的休闲型遗址空间进行调查，分析其在哪些方面起到了优化城市空间系统的作用，并为西安的进一步发展和其他城市的类似建设提出建议。

1.2 相关研究现状

1.2.1 城市空间发展模型的研究

1. 中心地理论和以竞争机制为核心的城市模型

1933年，德国地理学家沃特·克里斯泰勒（Walter Christaller）发表了《德国南部的中心地》一书，在书中他提出一个问题："人们通常总是强调，城镇与其居民所从事的职业性活动之间存在着一种并非偶然的、能从两者本质上阐明的关系。然而城镇为什么会有大小之分？它们的分布又为何如此不均匀呢？"该书中，他研究了德国城市规模、城市数量与分布规律，并阐述和建立了中心地理论。几乎同时，另一位德国经济学家奥古斯特·廖士（August Lusch）在他的著作《区位经济学》中基于经济学理论，通过数学推导得出了一组六边形区位模型，而该模型与泰勒的中心地模型极为相似。尽管，泰勒的模型基础是空间结构，而廖士是基于企业区位的理论出发，但二者相互印证了中心地学的理论合理性。在同一时期的美国，芝加哥大学的帕克（E. Park）和沃尔斯（L. Wirth）等学者创立了"芝加哥城市生态学派"，从城市的动态发展入手，利用社会学和生态学的入侵、竞争和演替分析法，分别建立了广为人知的同心圆理论、扇形理论和多核心理论。基于这三大理论所建立的城市模型都是以某一变量入手，对城市空间发展所表现出的"非计划的结局"进行描述，这个思路与中心地理论是相通的。

城市空间的发展必然有其干扰因素和演化规律。中心地理论和芝加哥学派，都通过获取某个变量来建立经过自组织形成的城市空间分布状态，在自组织理论尚未成型的时期，这些学者开创性地为空间发展研究辟出了新的途径，成为后来自组织理论得以产生和完善的基础。但从今天的角度来看，这些城市模型的缺陷也是明显而具有共性的。首先，这些模型都仅仅是对于空间现象的描述，但并未说明和分析其成因。其次，无论是基于地理学、经济学，或者生态学，模型的建立都以竞争机制为核心，并且仅考虑单一变量的干扰，这使得模型本身在系统性上是有缺陷的。现在，我们知道城市空间的演化和发展是由诸多因素共同作用下的结果，尽管这些因素的作用力并不相同，但现在的城市模型还是要充分考虑它们的不同作用方式和强度。

2. 以牛顿力学为基础的静态城市模型

牛顿早在1687年就提出了万有引力和引力场概念，但直到20世纪初，这一理论才被引入到城市空间领域的研究中来。在1949年，康佛斯基于"零售引力规律"和赖利（W. J. Reilly）所提出的"断裂点"（breaking point）概念成为空间相互作用理论的基础。之后，1964年，地理学家劳利（Ira S. Lowry）建立了引力模型来示范空间的相互作用。1966年，格瑞恩（R. A. Grain）在引力模型的基础上增加了经济因素，这一修改后的模型被称为格瑞-劳利模型，这是一个城市模型的里程碑，其核心是一对相互的空间作用力——居住区位与服务区位，前者是根据服务分配人口，后者是根据人口分配服务。其重要的开创性意义在于，这个模型首次提出了城市母系统下，子系统间相互联系、相互作用的重要性。

由于牛顿力学本身的局限性，以此理论为基础的城市模型是局限于三维物质空间的，也就是不考虑时间维度，因此我们统称这类城市模型为静态模型。这类模型描述了物质空间之间的相互作用和分布规律，但不能反映城市空间组构的形成过程和动态发展，其模型的结论指向性过于绝对，并不能充分体现城市空间的非线性发展特征。

3. 以系统动力学为基础的动态城市模型

自1960年以来，受困于静态模型的不足之处，越来越多的学者开始了对城市动态模型的探索。

麻省理工的弗雷斯特（Jay W. Forrester）基于系统动力学原理，在1969年创建了城市动力学模型。这个模型含有多个微分方程，模拟了城市动态演化中，多种起作用的社会、经济因素。1971年，威尔森（Alan Wilson）在之前劳利模型的基础上，引入最大熵原理，建立了由非线性微分方程构成的城市动态模型。此方程加入了时间因子，可以模拟城市的空间突变等一些复杂运动特征。1980年之后，生态学的理念被引入城市动态模型。20世纪90年代初建立的Dortumund模型，将交通、人口、就业等子系统通过数学方程关联起来，置入整体模型中。

这些模型较之前的静态模型有了很大的进步。首先，在分解影响城市空间演化的因子上有了多元化的思路，不再是试图将城市变化的原因归结为一个单一的变量所导致的结果。其次，多因子之间也不再是孤立的个体，而是通过数学方程关联在一起，共同作用于空间系统，这是对系统论的进一步深化应用。最后，但也是最为重要的一个进步在于，这些城市模型都从根源上意识到城市空间不是一个一旦产生就不再变化的物质，而是一个时刻在动态中寻求平衡的系统。这种对于平衡的寻找并不出于个体的、空间使用者的意志，而是城市空间作为一个有机体，自身所具备的意愿。

4. 自组织理论对于城市空间研究的作用

随着20世纪中叶自组织理论的迅速发展，耗散理论、协同学和突变理论逐渐进入城市空间研究领域。与此同时，计算机技术突飞猛进，也为更加复杂和系统化的城市模型构建提供足够的技术支持。

20世纪六七十年代，彼得·艾伦（P. Allen）基于耗散结构理论建设城市模型；登德里诺斯与马拉利（S. Dendrinos & Mollally）基于协同学理论，建立随机模型；齐门（C. Zeeman）基于突变理论，建立描述城市不连续现象的数学模型。到了80年代初，魏德利希（Weidlich）和哈格（Haag）建立了主方程模型。90年代，经济地理学学者克鲁格曼（P. Krugman）建立了多中心城市空间自组织模型，该模型是自组织理论的跨学科应用成果，描述了空间经济格局从不稳定态向稳定态发展的动态格局。1996年，克拉克（K. Clarke）等人采用元胞自动机模型，与GIS进行结合，先后对旧金山、华盛顿等都市进行长期观测。元胞自动机模型是自组织理论的一项重要应用成果，该模型包含有4个要素，分别为单元、状态、邻近范围和转换规则，其主要特点是可以通过简单的局部规则产生复杂系统。

综合以上模型，我们不难发现，城市空间发展研究历经了从单因素到多因素、从静态到动态、从人为主导到自组织演化的历程。而这些城市模型的诞生，每一个阶段都代表着某项领域的进步。但是，这些模型都没有将人的主体感知和城市空间的发展联系起来，使得这些城市模型在解读宏观尺度的空间发展时比较得心应手，但不能将之使用在相对较小的时空领域里，从而导致对城市设计层面的指导不够有效。

1.2.2 空间句法理论及其应用

尽管，城市空间是一个连续不间断的庞大体系，但是作为个体人，我们所能够感知和影响的只能是局部的空间单元。人类的认知系统是通过不断叠加这些单元空间的信息来构建对于整体空间的描述的。因此，当我们试图去探索人的感知与空间体系之间的联系时，就势必要考察空间单元是如何被人们理解，并进一步导致了人们在更大范围内活动的规律。同时，人对于宏观空间的作用，也势必起始于对空间单元的作用。因而，空间句法将空间系统拆解为一个个视域空间，即无障碍视域范围，对考察人与空间之间的相互作用力是更加合理的一种空间模型理论。

空间句法在将空间单元设定为视域单元之后（凸空间），引入了另一个重要的核心思想——"空间组构"（space configuration）。这个核心思想指出：在一个城市或者城市片区中，人的运动模式在一定程度上由空间的网络拓扑结构所决定，而与其他因素无关。基于空间组构思想的城市空间模型，对空间的排列方式与产生人的行为可能性之间的关系进行分析模拟，其轴线模型和视觉模型在分析人的行为以及分析空间的潜在用途方面非常有帮助。

目前在国内，关于空间句法的研究大部分集中在通过空间句法的运用来对规划设计作出指导，研究城市区域空间的演进规律，以及具体研究某一类型城市空间的组织结构方面。在这三个方面作出突出贡献的有东南大学段进教授带领的团队，他们在近几年发表了大量有价值的学术论文和著作，如与比尔·希利尔教授合著了《空间句法与城市规划》，出版了《城市空间发展论》《城市空间发展自组织与城市规划》等空间研究系列著作，运用空间句法的理论来探讨城市发展的规律。其中，《空间句法与城市规划》着重介绍了苏州商业中心、南京红花机场、嘉兴城市中心和天津城市形态四个案例。此外还有大量相关论文和会议报告。国内对空间句法研究的另一个分支，是对该句法本身的完善与解析，其中清华大学杨滔的部分论文较有代表性，如《空间句法与理性的包容性规划》《说文解字：空间句法》和《空间组构》，都是对空间句法本身的介绍和探讨，此外他还翻译了《空间是机器》这一详细介绍空间句法理论的专著。另外，东南大学邵润青的《空间句法轴线地图在方格路网城市应用中的空间单元分割方法改进》一文，则对轴线地图提出了改进建议。

在国外两年一度的空间句法大会和伦敦UCL（伦敦大学学院）的空间句法期刊《空间句法报》（the journal of space syntax）汇集了众多学者的研究成果与各个方向的探索。在城市空间组构探索方面，法卡拉斯（Fakhrurrazi）与艾克丽丝（Akkelies van NES）在"空间和恐慌——应用空间句法解读2004年海啸中班达亚齐市死亡率与空间结构的关系"（Space and Panic. The application of Space Syntax to understand the relationship between mortality rates and spatial configuration in Banda Aceh during the tsunami 2004）一文中以班达亚齐市为例，详细探讨了一座城市发生自然灾害（海啸）所导致的死亡人数与城市空间组构之间的关系，并提出灾后重建的合理构想。萨夫拉（Safoora Mokhtarzadeh）等在"空间结构与可持续发展水平的关系分析——伊朗马什哈德案例研究"（"Analysis of the Relation between Spatial Structure and the Sustainable Development Level. A case study from Mashhad/Iran"）中以伊朗马什哈德为例，分析空间组构与城市可持续发展状态之间的关系，并指出区域的集成度变化与可持续发展之间存在着积极的呼应关系。普利亚（Priya Choudhary）与维纳亚克（Vinayak Adane）在"印度中心城市的核心空间配置研究"（"SPATIAL CONFIGURATIONS OF THE URBAN CORES IN CENTRAL INDIA"）中回答了两个问题：①如何理解印度城市核心区建成环境的有机生长并对其空间组构进行定量化研究？②在印度文脉中，如何基于组构变量来理解使用者的偏好对行为的影响？孔恩美（Eun Mi Kong）与金永旭（Young Ook Kim）在论文"基于可视化分析的空间指数在销售预测中的发展"（"Development of Spatial Index Based on Visual Analysis to Predict Sales"）中通过集成度数据的变化阐述了视觉空间如何影响零售业的兴衰和商铺的价值。这些论文都是运用空间句法来解析城市空间的某种现象或者空间演化的原因。

在针对空间句法理论与方法本身的拓展上，杨滔与比尔·希利尔一同发表的论文"空间参数对空间结构的影响"（"The Impact of Spatial Parameters on Spatial Structuring"）探讨了如何在不同的尺度下进行空间句法的运算，并分析了不同尺度下的空间如何通过自组织以达到街道之间的最佳连接状态。丹尼尔（Daniel Koch）在论文"视域重现——自我中心空间、多中心空间与人体模型的逻辑"（"Isovists Revisited. Egocentric space，allocentric space，and the logic of the Mannequin"）中则进一步分析了运用轴线、凸空间图和同视图（isovists）在解读空间组构时不同的侧重点与方式，并挖掘了同视图的应用。托马斯（Thomas Arnold）在"运用空间句法设计基于视线关系的建筑"（"Using Space Syntax to Design an Architecture of Visual Relations"）中就如何应用空间句法进行建筑设计进行了探讨，并提出空间句法有助于生成设计的基础并从而影响建筑的形态。

在针对方法理论的不足与改进方面，阿拉斯代尔（Alasdair Turner）在"认知地图的组成：视域、智能体和轴线？"（The Ingredients of an Exosomatic Cognitive Map: Isovists，Agents and Axial Lines?）中对轴线图和depthmap 软件本身的误差与局限性做了大量的数据考察和分析。迈克尔（Michael J. Ostwald）在"拓扑与几何的关系研究: 格伦穆卡特农村房屋（1984—2005）的构型分析"（Examining the Relationship Between Topology and Geometry: A Configurational Analysis of the Rural Houses（1984—2005）of Glenn Murcutt）中也对使用拓扑原理进行空间分析的空间句法进行了小尺度上的考量，并指出在小尺度空间中（如一栋房屋内）对空间造成影响的不仅仅是拓扑关系，还包括了几何形状。

到2013年的第九届空间句法国际研讨会（9th Space Syntax International

Symposium）的论文集中首次加入了"建筑形态的历史演进"（"Historical Evolution of Built Form"）一栏，所收录的论文对遗产保护与城市更新方面的内容略有涉及。其中，"从日本地方城市战争损害的复兴过程中提炼城市内核"（"Distilling Urban Kernel From the Revival Processes from War Damage in Japanese Local Cities"）一文论述了日本大城市在战后的复兴，并运用空间句法分析了城市旧有功能对空间结构和空间意义的深远影响。"伊兹密尔卡纳克广场演变的形态学分析"（"Morphological Analysis of The Transformations of Konak Square in Izmir"）和"天津历史文化中心的形态变迁"（"Morphological transformation of Historical Centres in Tianjin"）两篇论文，都是运用空间句法理论描述和分析城市历史中心的空间形态演变。"巴基斯坦古城市轴向连通直线路线原型研究"（"Prototype for an Axially Connected Linear Route in the Ancient Cities of Sindh-Parkistan"）则论证了一种使用depthmap软件生成的轴线图来分析老城区混乱复杂的路网关系的新方法。论文"利用空间句法和历史土地利用数据对两个大伦敦郊区主街衰落的探究"（"Using Space Sytax and Historical Land-use Data to Interrogate Narratives of High Street Decline in Two Greater London Suburbs"）则应用空间句法来探求伦敦城郊商业街区没落的原因。

1.2.3 大遗址的研究

国外大遗址保护的概念起源于20世纪初的欧洲。根据不同国家对大遗址保护的研究，国外大遗址保护主要为2种模式。这2种都是将遗址与城市建设相结合，通过发展遗址产业来达到保护的目的，二者对遗址保护和城市发展都起到了积极的作用。意大利的保护模式是国家政府负责遗址保护，企业负责遗址行业和运行管理，从而形成政府管理企业运营的模式。埃及是由国家文物最高委员会统一管理，遗址通过该机构的建设得到保护和利用。在其他国家，也有不同的尝试，例如，日本则选用了"因地制宜"（即针对古今城市交叠部分特殊性而采取不同保护模式）等更为细致的方式。

在遗产保护和城市关系研究领域，布雷（Bray.PM）面临着对美国区域性遗产资源的保护困境，他总结了"遗产区域"这一大规模的文化景观遗存的定义、特点和发展过程，形成了一种保护大型遗产区域的新方法。学者埃格斯特（Eugster.JG）认为，"遗产区域"的保护方法应该重视人、地互动，并鼓励全面保护和利用当地历史、文化、自然和娱乐资源，实现遗产保护、经济发展和重建、区域认同、为娱乐机会等多重目标提供有效措施。

自20世纪以来，"以地产开发为导向的城市复兴策略"逐步转变为"以文化为导向的城市复兴策略"这一时代背景下，潘朵贝瑞（Pendlebury.J）通过介绍和分析纽卡斯尔著名的"以历史遗产为导向的城市复兴"项目，探讨纽卡斯尔市议会面对格兰杰地区的衰落和大量历史遗产的破坏，如何利用区域振兴为手段达到成功保护历史遗产的方式。罗伯特（Robert Brambilla）和吉亚尼（Gianni）充分认识到欧洲战后重建与城市发展过程中，城市建设对许多城市遗产的巨大影响。他们认为，保护周边文化环境，建立合理的缓冲区，创造多样化的步行环境，可以为城市历史中心的保护和恢复以及城市更新提供出路。实际上，这种环境再造战略已经消减了德国科隆大教堂保护与城市发展之间的矛盾，创造了特殊的商业旅游环境，促进了当地经济的发展，并最终使科隆大教堂成功摆脱了濒危世界遗产名录。该策略为科隆市提供了一条双赢的道路，成功地保护了经济繁荣与文化遗产。

在亚洲，乔纳森（Jonathan Wager）阐述了柬埔寨面对城市旅游对城市遗址的影响，并在吴哥窟启动了区域环境管理计划，从区域层面全面管理和协调城市建设、旅游开发和遗产环境保护。在南美洲，马克·丰塞卡（Marco Fonseca）和其他学者研究了自20世纪以来巴西的历史和文化资源被城市无序发展所侵蚀的情况，指出巨大的城市扩张压力导致了城市生态环境污染和历史环境的退化。巴西政府将历史公园建设作为改善城市环境和历史环境的关键，以实现城市发展、历史保护和生态建设的协同作用。

在上述研究中，当各地进行遗址保护和遗产资源再利用时，都不仅仅是保护和管理遗产本身，而是通过保护和利用遗产达到区域振兴、环境美化、社区重建和城市更新等多重作用。遗产与城市的密切互动使得遗产资源的保护和利用成为区域发展的引擎。由此可见，对中国大遗址这一区域属性极为明显的文化遗产类型而言，在面对城镇化快速发展的冲击之际，我们应着力探索遗产保护与区域发展的协同之道。

我国大遗址的保护及研究工作开展于20世纪90年代末期。1997年国务院在《关于加强和改善文物工作的通知》中，第一次明确提出了大遗址的概念，随后就对大遗址展开了初步的研究。在早期的有关论著中，学者们在界定大遗址概念、辨析其价值、甄别对大遗址的不利因素，以及论证大遗址保护与利用的辩证关系的基础上，结合大遗址保护的专项研究课题，对保护原则、开发思路和规划构想等方面奠定了之后的研究基础。

近年来，快速的城市化使中国的遗址保护，特别是那些遗存于人类经济活动密集地区，直接面临城乡发展影响的大遗址保护受到了严峻的挑战。为此，学者和地方政府已经开始探索和实践遗址保护与区域发展之间获得平衡的方法与途径。在遗址保护和区域规划以及城乡建设的层面上，学者陆建松提出将大遗址保护、区域经济发展和生态环境相结合，以此为目标来探索大遗址保护的现状、问题和政策，以促进社会、经济和生态效益的长期协调统一。杨茹萍对于"洛阳模式"的述评与和红星对于"大明宫遗址前世今生"的追忆，均从不同视角阐述了城市规划对大遗址保护所产生的重要影响。崔明分析了大遗址在城市更新不同阶段所面临的不同问题，并在对现时我国两种不同类型的城市更新进行比较研究的基础上，针对性地提出了大遗址保护与利用策略。在探索陕西省大遗址保护新理念的过程中，赵荣提出了"四位一体"保护大遗址和区域社会经济发展的方式，即保护大遗址与当地经济和社会发展，保护大遗址和改善当地居民生活水平相结合，保护大遗址与当地城乡基础设施相协调，保护大遗址与改善当地环境相结合。

在遗址保护与城市经济发展和景观、生态建设方面，曲凌雁针的《大遗址保护困境与出路》，周俊玲的《浅议大遗址保护与周边经济发展》，以及刘军民在《大遗址保护利用与区域经济发展》一书中，均从理论层面对大遗址保护与区域发展的协同作用进行了较为深入的剖析。而葛承雍教授敏锐地洞察到了大遗址保护与区域文化发展的协同作用，他以西安为例，强调历史文化是民族之魂、城市之根，是可以物化的一种生产力、竞争力。历史文化名城的发展除应具备完善的基础设施、良好的生态环境和深厚的文化底蕴之外，更需要有不朽的文化景观。而汉长安城遗址、唐代天坛遗址、西明寺遗址等的复原无疑是将历史遗存转化成不朽的文化景观。郑育林认为，遗址公园是大遗址保护与城市生态建设的有效结合。王军认为，遗址公园的建设为城市遗址的保护和展示提供了一个全新的平台，并在其实践中详细阐述了遗址公园的具体应用模式。白海峰和王璐艳认为，大遗址是环境整治对城市绿地系统的重要组成部分，对优化场地环境、改善城市环境具有重要意义。

1.2.4 空间句法在遗址空间方面的应用研究

在针对城市遗址空间的研究方面，国内主要集中在城市更新和古城区保护方面。沈尧在《基于空间组构的历史街区保护与更新影响因子与平衡关系研究——以天津五大道为例》一文中，将历史街区的影响因子分为四大类：社会影响、环境影响、经济影响和其他影响，以及九个不同的因子。通过描述历史街区的空间组构图，结合回归分析，总结出空间组构的各参数和影响因子之间的回归关系，从而获悉通过调整哪些因子，可以获得较好的空间体系。梁旭在《旧街区更新中群构建筑模式空间研究——以北京得胜尚城为例》中，以北京得胜尚城所处街区为研究对象，分析了该历史街区在得胜城项目建成前后的三个不同的历史阶段，所产生的空间构形变化，为地区空间发展决策提出了一个有益的分析方法。随着大数据时代的到来，空间句法与其他信息平台的对接成为必然。王成芳在《基于GIS和空间句法的历史街区保护更新规划方法研究——以江门市历史街区为例》中，利用地理信息系统建立江门市数据库，通过Axwoman插件进行句法计算，通过整合度、平均深度和智能度等变量对历史街区的空间结构进行分析。其他还有许多结合不同软件平台、数据分析等技术来进行历史街区保护与城市更新的研究，本文不能一一尽述。

这些论文虽都涉及历史城市的一些方面，但依然侧重于整个城市的空间演变而并未将遗址空间作为一个独特的空间系统加以考察。但这些论文所提出的研究方法和观点，则对本项目有许多帮助。空间句法自诞生至今，已有大量国内外学者进行了多方面的基础研究和应用研究，但目前将其应用于分析遗址对城市空间系统的影响以及对这种影响的定量化方面的研究并不多见。本项目正是运用这一理论，将视点放在遗址空间与城市空间系统的关系上，来研究两个不同的空间系统之间的相互影响与作用。

1.3 研究的对象、范畴和目标

尽管，针对遗址对城市空间的影响作用，已有很多学者进行过论述和考察，但并未涉及具体的程度与根源，并将其影响程度加以量化描述，本研究就是从城市的空间功能、出行经济、城市生态和社区吸引力四个层面分别来量化分析西安市内的几个大遗址对城市空间的发展所造成的影响。

本项目的研究对象是由遗址开发建设而成的遗址空间及其所在的城市街区（文中称之为遗址片区）。通过四个方面来考察遗址对西安市主城区空间系统的影响。

第一部分即前两章为背景研究，探讨了该研究的背景，西安市大遗址的演变过程，遗址的现状，以及西安作为范例的合理性。第二部分即第三章侧重理论研究，针对影响程度的量化，将之分解为四项指标，并针对四项指标分别介绍了量化方式、因子采集与计算的方法。第四至七章为第三部分，侧重实证研究。以西安为范例，对西安的城市空间系统进行具体的案例分析。通过考察空间的四项指标的数值变化对空间系统本身的变化，子系统（遗址片区）对母系统（西安城市空间）的静态影响，以及子系统对母系统的动态影响三个方面进行具体研究，对二者的影响和演变关系做出总结。最后提出该研究的结论和可拓展的方向。

研究范畴限定在空间关系上。实证研究的地理范围大致为西安三环以内，并在其中选取了三个典型的遗址保护区：大明宫遗址片区（其边界为未央路—北二环—太华路与东二环中间—城墙）、曲江遗址片区（其边界为西影路、曲江大道、南三环、翠华路）和汉城遗址片区（其边界为西三环、北三环、朱宏路、大兴路）。时间范围是以大遗址开发开始的时间（2002年）、开发过程中的一个时间（2010年）和开发完成后的时间（2016年）为三个时间节点。

本研究的最终目标为：从空间关系的角度，获知西安市遗址开发再利用项目对城市空间的影响方面和影响力度，对西安市未来建设提出建议，避免不必要的资源浪费。为其他城市的同类问题提供借鉴，为遗址开发的方式提供新的思路和途径。

1.4 研究方法与框架

1.4.1 研究方法

本研究首先将空间影响划分为四个方面：空间功能、城市生态、空间效率和社会意识，然后根据各部分内容的不同，采用了多种方法的结合。

针对空间功能，本文通过采集2010年、2013年和2016年西安市、遗址片区和对比片区部分POI兴趣点的迁移和数量变化，来考察西安主城区空间功能受到遗址空间的影响情况。由于2002年手机信令尚不普及，西安全市的POI数据都采集不到，因此在进行三大遗址片区和西安市的比较研究时，采用了2010年和2016年的数据对比。考虑到2010年之前，三大遗址片区都处于未建设完成阶段，其功能分布与数量极其不稳定，因此，仅比较2010年和2016年的功能数据也足以说明问题。同时，在这部分加入了2013年的POI数据。这是由于对于空间功能而言，这六年间的变化较大，为了可以更加准确地描述其动态变化的过程，故而加入了2013年的POI数据来考察其演变。

针对城市生态部分，本研究从斑块类型和景观两个尺度上选取了斑块类型所占面积比例（PLAND）、斑块个数（NP）、斑块类型面积（CA）、斑块密度（PD）、斑块形状指数（LSI）和斑块聚合度指数（AI）。而在景观尺度上则选取了Shannon多样性指数（SHDI）、面积加权平均形状指数（SHAPE_AM）、面积加权平均分形维数（FRAC_AM）和景观斑块破碎度指数（SPLIT），通过空间格局分析法来考察西安遗址空间的景观格局动态变化。

针对空间效率和社区吸引力部分，本文以空间句法理论为基础，利用Depthmap的计算结果，将不同的空间属性值设定为空间效率和社区吸引力的影响因子，以此来进行量化计算，并通过静态比较、动态比较来考察遗址片区对西安市主城区空间系统的影响程度与影响趋势。

1.4.2 数据的获取与分析

实地调研：通过实地调研，对空间使用人数、犯罪及反社会行为的数量与发生地点进行统计，测算一部分三级影响因子的影响权重。通过实地调研，帮助确定研究城市空间系统和遗址空间子系统的边界，并对卫星照片进行修正，以生成研究对象的可达空间平面图。

社会调查：通过社会调查，获知城市空间所存在的问题，测算各个影响因子的权重。

软件分析：使用Depthmap软件，获得空间属性的基础数据；使用Excel软件，将社会调查和实地调研的结果演算为影响因子的权重。

数据对比：通过数据对比，完成空间系统的演变分析，子系统对母系统的影响分析，以及影响趋势。

1.4.3 研究框架

研究背景与理论基础

指标的概念和量化方法阐述

应用数据

空间功能	城市生态	空间效率	社区吸引力

空间功能
- 静态分析 —— POI
- 动态分析 —— POI

城市生态
- 静态分析 —— PLAND, PD, AI, LPI, SHDI, SPLIT, FRAC-AM, SHAPE-AM
- 动态分析 —— PLAND, PD, AI, LPI, NP, CA, LSI, SHDI, SPLIT, FRAC-AM, SHAPE-AM

空间效率
- 静态分析 —— NACH Rn, NACH R10000, NACH R5000
- 动态分析 —— NACH Rn, NACH R10000, NACH R5000
- 分布分析 —— NACH R500

社区吸引力
- 静态分析 —— Integration, Choice (R = 5000, 10000, n)
- 动态分析 —— Integration, Choice (R = 5000, 10000, n)

空间范围

- 空间功能 静态分析：西安市 曲江 大明宫 汉城
- 空间功能 动态分析：对照区 曲江 大明宫 汉城
- 城市生态 静态分析：西安市 曲江 大明宫 汉城
- 城市生态 动态分析：西安市 曲江 大明宫 汉城
- 空间效率 静态分析：西安市 曲江 大明宫 汉城
- 空间效率 动态分析：西安市 曲江 大明宫 汉城
- 空间效率 分布分析：西安市 曲江 大明宫 汉城
- 社区吸引力 静态分析：西安市 曲江 大明宫 汉城
- 社区吸引力 动态分析：西安市 曲江 大明宫 汉城

时间范围

- 空间功能 静态分析：2002 2010 2016
- 空间功能 动态分析：2010 2013 2016
- 城市生态 静态分析：2002 2010 2016
- 城市生态 动态分析：2010 2013 2016
- 空间效率 静态分析：2002 2010 2016
- 空间效率 动态分析：2002 2010 2016
- 空间效率 分布分析：2002 2010 2016
- 社区吸引力 静态分析：2002 2010 2016
- 社区吸引力 动态分析：2002 2010 2016

2.1 大遗址的特点和价值

2.1.1 西安大遗址的特点

所谓大遗址，即是中国文化遗产中反映中国古代历史各个发展阶段的历史文化信息，具有规模宏大、价值重大、影响深远等特点的大型聚落、城址、宫室、陵寝墓葬等遗址或文化景观。大遗址是我国文化遗产的重要组成部分，真实地记录着华夏五千年的朝代变更与文化发展。近十年来，国务院先后公布了两千余处重点文物保护单位，其中，基本符合大遗址标准的遗存583处，占总数的1/4。

西安位于中国中部，是关中平原的核心。早在史前石器时代，就有人类在这里繁衍生息，历经了13个王朝都城的兴建与衰落。因此，西安有很多历史遗迹，遍布全市9个区和4个县。就目前的考古探明现状而言，在西安城市内部和周边分布着包括周丰镐都城遗址、汉长安城遗址、秦阿房宫遗址、唐大明宫遗址在内的十数处遗址，其中，周、秦、汉、唐四朝的宫殿型遗址规模就超过了100平方公里。西安的大遗址具有数量多、等级高、规模大、部分在地下已经探测但尚未发掘、与城市空间结合紧密的特点。

这些在西安市内广泛分布的、数量众多的遗址群，几乎涵盖了国内绝大部分的遗址类型，包括旧石器古人类遗址、新石器大型聚落遗址、古代大型建筑遗址、古代大型都城遗址、古代工程遗址、石窟寺及石刻遗址、古墓葬遗址等。西安市大遗址可以分为古都宫殿遗址、古城墙遗址、古代宗教遗址、古塞城遗址、古代陵墓遗址五大类。其中有相当数量的大遗址，其等级较高，均得到了足够的重视与维护。它们大部分为大型宫殿遗址，如周丰镐遗址、秦阿房宫遗址、汉长安城遗址、隋大兴城和唐长安城遗址（包含大明宫遗址、曲江池遗址、大小雁塔等古建筑）和明清西安城垣。这些遗址均位于西安过去、目前或未来发展的热点区域。例如，大明宫、明城墙等大型遗址在长期的历史变迁中均为居民聚集区，周边社区也已经形成其独特的住区氛围和休闲环境，而世代居住在此的居民也已与遗址本身产生了情感联系。经过多年的旅游开发和遗产保护，目下西安已形成了具有特色的大遗址保护的"西安模式"，即"体现科学发展观，使城市现代文明与历史文化遗产和谐共生的理念"。在这种观念的影响下，传统大遗产保护模式，即分离地、隔绝地划分历史遗产保护区的方式，既不利于遗址周边区域的经济发展，亦不符合"城市现代文明与历史文化遗产和谐共生"的保护观念。本研究正是秉承"城市现代文明与历史文化遗产和谐共生"这一重要原则，对"西安模式"所产生的遗址空间效益进行更为精准化、量化的研究。

2.1.2 大遗址的价值

大遗址作为建筑遗产的一个类别，势必具有遗产所共有的价值，即使用价值、艺术价值、情感价值和历史价值。

就使用价值来说，主要指其物质价值、资源价值和经济价值。一方面，对于遗址的无视甚至拆除是一种物质资源的浪费，从环境经济学的角度来讲，完全避开遗址进行新城建设，是对空间资源的极大浪费。有效合理地再利用遗址区域，对城市来说，可以缓解土地资源的紧缺和建设过程中运输、施工造成的环境污染。另一方面，如果开发得当，城市遗址区可以产生新的城市公共空间。与遗址曾经的历史空间不同，新产生的城市空间将与当下的市民、游客直接对话，它能够令历史遗存融入当前的时空背景中，与城市空间的发展同步。城市遗址通过其使用价值的体现，不仅能够对自身的"复兴"起到重要作用，亦可以促进城市空间的发展。

遗址本身有其内在的美学价值。与现代建筑和现代主义之后的建筑相比，历史建筑的形式美感更多地来自"场所""精神"需求，而非"功能"需求。现代主义以及其后的大部分建筑，其空间形式更多的来源于功能需求，功能与形式呈相互依存的关系。当建筑的功能发生改变或者消失，人们就很难理解该建筑的形式美感之所在。而古代建筑遗址的形式大多服务于精神需求，在一定程度上与建筑功能相互独立。这一特征使得，即便建筑的功能不复存在，其视觉美感依旧可以独存，并被观赏者所体悟。这一独特的审美特质，使得遗址区的存在于现代城市中显得弥足珍贵。此外，遗址除了通过其自身使人们获得审美体验之外，也通过与新的城市空间的并置，而产生城市空间的视觉多样性。这种多样性体现在空间布局、尺度和风格等多方面。通过多样性的呈现，遗址与"新城"一起创造了更加丰富的多层次审美体验。个体无法超越其所在的时空进行审美评价，我们既不可能先验的预言某一建筑在未来有着怎样的艺术价值，也不可能笼统地将所有古今建筑划归入一套审美评价体系。故而，这种跨越时空的审美多样性的呈现，对于城市、对于生活在城市中的人、对于城市的历史发展进程，都是非常宝贵的。

此外，遗址的历史价值是不言而喻的。这是一种有形的非使用价值，包含了考古学、文献学、材料学、人类学、规划学、建筑学等可供参考的重要信息。尽管，历史价值与当下的城市生活无关，但却为人们了解自身从何而来，城市因何产生并逐步演化为今天这个面貌，提供了必要的考据。

情感价值是与群体人（在同一时空内活动的群体）的记忆相关的另一种非使用价值。它未必存在于某一特定的、具有极高考古价值的建筑物上，而经常存在于与人们的生活发生长期或者重要关联的某些场景中，即某种空间遗存。它体现了人们对过去生活场景的安全依恋和心里延续，是对所生活过的空间场所产生的责任感与归属感。由于西安遗址地理位置的特殊性，西安市民所生活的临近区域都有遗址存在，因此，西安市内的城市遗址所产生的全民性的情感价值不容小觑。这种价值若是使用得当，必然会提高市民的地域认同度和社会责任感，对于城市发展有百利而无一害。

2.2 城市遗址与城市发展的关系

城市历史发展的连续性决定了城市形态的连续性。在城市形态的演变过程中，人们首先注意到新旧形态的差异，以及不同形态的继承和发展。众所周知，大遗址具有重要的历史文化价值，且占有巨大的空间。大遗址因其规模大、土地用途特殊，在城市开发建设中屡遭回避，这使得城市新区的选址和发展方向在一定程度上受到这些巨大"废墟"的影响。同时，这也会影响整个城市空间形态的形成。一旦在城市扩张的过程中，其边界遇到大遗址，就会被巨大的"废墟"阻碍，从而改变其地理发展方位，这当然会影响到城市空间系统的格局。例如，在西安的发展过程中，城市土地向西北的扩张受到汉长安城遗址的限制，城市中心区在西北方向呈现出一个凹陷的轮廓。这种影响会更为具体地体现在城市空间轴线的长短和走向，空间经济、功能、生态和交通网络的结构上等等。

首先，就经济结构来说。在传统静态保护的理念下，很多大遗址周边地区的发展规划很难跟上居民的生活需求。随着城市发展水平的不断提高，周边居民从生产生活水平到经济物质需求都在不断提高。但部分大遗址区由于市政规划与保护政策的限制，发展速度远低于其他非受限地区，这种落差导致遗址周边居民对文物保护工作产生漠视甚至抵触情绪。

在新中国成立后很长一段时间，大遗址的保护仅仅意味着对遗址本体的保护，而忽视了社会经济的发展及周边地区民生的改善。这些问题较明显地表现在遗址所处城市片区土地的不合理利用和经济发展的缓慢上。具体到西安，在新中国成立后到约20年前，对遗址进行割裂、孤岛式的保护，造成了遗址区域荒草丛生，遗址周边大量聚集低收入、流动性背景的棚户区，最为典型的就是大明宫遗址。由于保护观念的僵化和固化，珍贵的遗址非但没能给城市和其所处的区域带来活力和生机，反而成为城市的"顽疾"，无法加以改善和疏导。即便是在城市中心区域，也存在形同的问题。比如，明城墙内部的建设限制了顺城巷以内部分地区的发展途径。在没有寻找到适合的发展方式之前，理应繁华的各个城角城门，反而成了城墙内部旅游商业中心和城墙外部经济发展较快、居住环境较好的现代化城市之间的中空地带。遗址保护与城市规划在空间联系上极端紧密的同时，却又囿于当时的遗址保护或城市空间发展模式而产生诸多矛盾。

其次，就空间功能来说。西安一部分大遗址位于城市中心，地处经济、文化、交通极端集中的区域。城市空间的发展在一定程度上给大遗址保护开发带来了巨大的压力。城市化规模的扩大和人口的增加对大遗址的空间占有产生了较大的影响。近年来，迫于经济发展的巨大压力，出现了在遗址保护区、保护缓冲区中的一些不适宜场所修建了大量的基础设施、建筑物、高层建筑或大型市政设施的现象，一定程度上对大遗址造成了破坏。在国际大都市建设中，由于城市规模、中心城市面积控制和配套设施的提升成为市民生活的基本需求，使得城市集约化程度上升，土地和空间的利用成为遗址保护和城市发展二者矛盾的根源。

遗址区与非遗址区除了对空间的争夺，对产业结构的影响也非常显著。基于遗址本身的种种特性，遗址及其周边区域在产业上通常集中发展旅游业，这势必造成产业相对单一、地价上涨和原有产业外迁，而方便居民生活的零售等行业难以生存，从而造成居民生活的不便。以历史为"卖点"，虽然迎合了一般游客"吊古"的心理，短时期内能够获得巨大的经济效益，却恰恰切断了市民生活的多样性需求。这种多样性的丧失，最终会导致市民对自己所居住的城市产生疏离感，以及对游客的排斥心理，更加不利于城市空间的发展。旅游业与市民生活在本质上其实并不矛盾，因为吸引观光客的并不是那些生造出来的虚假历史场景，而是真正的根植于城市生活之中的社区记忆。放弃承载了社区记忆的城市空间而盲目追求旅游效益是非常危险的，例如，著名的历史名城威尼斯就是一个典型的案例。所有到过威尼斯的游客，几乎都对自己的旅游经历非常满意，主要的旅游街道上人如潮涌，沿街的小商铺也看似生意兴隆，精彩的建筑、美丽的廊桥都被人们所赞叹。但是，如果走进背离旅游线路的小巷、水道，人们就会惊讶地发现倾斜的墙体和脏乱的路面，以及最令人感伤的威尼斯市民沉重严肃的表情。根据威尼斯的官方统计，威尼斯的常住人口在1957年是17.4万，到了2009年10月，只有不足6万，而且仍有居民不断的搬离威尼斯，如果照此趋势发展，到2030年威尼斯将不再有常住人口。而与之相对的，是威尼斯每天要迎来5.5万的游客，几乎和全市人口相当。由于旅游业的兴起，当地物价飞涨，食品、住宿、普通的日用品都变成了稀缺资源，普通市民难以消费得起。城市产业也变得越来越单一。日用品商店转而出售面具、玻璃制品等旅游纪念品，当地生活极为不便。威尼斯历时几百年的造船业也告停止，目前所用的水上交通船只，反而由希腊生产进口。大量的产业从威尼斯撤离，银行、保险业都消失了，一家公司的关闭会带走1 000个就业岗位。另一方面，过度的旅游开发反而影响了当地的旅游收益。由于不断飞涨的各类消费，大量游客并不在岛上住宿，甚至也不愿意花钱参观需要付费的景点，也不选择昂贵的餐馆就餐，许多游客选择"一日游"的形式在威尼斯走马观花。威尼斯正在从一个真正拥有市民生活、拥有历史的城市，堕落成表面浮华而背后空洞的"面具"，城市记忆随着人口的流失和市民生活的消失而逐渐瓦解，并最终导致了旅游业的无以为继。

最后，大遗址的规划和保护与居民生活出行也存在一定的矛盾。目前遗址保护的难点是大遗址占地与当地居民之间的矛盾和竞争。大型遗址由于其规模巨大，且在规划层面上的优先保护政策，通常在拟定发展方向和策略时都以遗址的保护为核心，从而造成城市道路的断裂和绕行，导致周边居民出行困难等问题。许多遗址的周边交通常年堵塞，或者出现节假日堵塞而日常空挡的两个极端交替出现的现象。

虽然遗址保护与城市发展从历史上来说就有种种矛盾，但二者也有着互惠互利的方面。从直观现象来看，至少在生态层面，遗址保护区对于城市的整体环境就有着改善的作用。由于保护区对于土建工程有着种种限制，而遗址本体一般采用覆土保护的方式，在覆土范围之外通常可以种植草皮和树木绿化，因此形成了天然的城市绿肺，这无疑对城市生态环境是有所帮助的。

近20年来，随着遗址保护观念的重要转变，以及城市更新理念的兴起，遗址与城市空间的和谐共生已经有了长足的发展，尤其是在城市更新方面，西安市政府更是做了多方尝试和实践，并取得了很好的效果。遗址所处区域的经济和过去相比，有了巨大的飞跃。但换个角度，如果将遗址区域和相类似的城市其他区域做比较，依然会发现一些直观的遗留问题，例如：产业依然不够丰富多元，遗址旅游区周边经常出现交通拥堵和交通空白交替出现等情况。

2.3 西安大遗址与城市的历史演变过程

作为13个王朝的古都，西安经历了数千年的规划和建设。它是中国历史上建都时间最长的城市，也是朝代最多、最具影响力的城市。大明宫、曲江、汉城三个遗址片区的历史演变与西安市的发展紧密相连。因此，了解西安市的历史发展对研究大遗址的发展变化具有重要意义。

2.3.1 西安城市发展

西安这座城市的建设与发展历时较久并且变化过程曲折复杂，总体上可分为三个发展时期。

（1）周、秦、汉、唐等朝代建都时期。这一时期始于公元前1059年（当时周文王迁都至丰京），于公元904年唐末哀帝被挟持离开长安时结束。在过去的两千年里，16个朝代和政权先后在这里建立了长达一千一百三十年的都城。

（2）从五代到清末作为区域中心城市。从公元904年唐朝末期开始，哀帝被迫离开长安，直到1911年清朝覆灭这段时期。在这一时期的1000多年里，现今的西安虽经历了五代——北宋、晋、元、明、清等王朝政权的变迁，但却一直是西北地区的政治、经济和文化中心。

（3）城市近现代发展时期。这一时期自辛亥革命以来已有百余年。西安经历了"中华民国"的近代建设与发展和中华人民共和国成立以来的现代化发展时期。

这三个发展时期，西安的城市形态与结构、功能均有变化，这既与历史上的王朝更迭、制度演替、社会经济发展有关，也受到思想文化观念的影响。

1911年10月10日，辛亥革命推翻了清政府，结束了2000多年的封建君主制，建立了"中华民国"。随着国家步入近代文明，西安的城市建设和城市环境发生了一些新的改变。虽然中国的近代化进程始于1840年的鸦片战争，但进程却非常缓慢，西安的变化也并不很大。左宗棠在同治八年（1869年）创办了第一个机器局，又在光绪年间（1875～1908年）开设了一家医院、一所学堂以及报社、图书馆、邮局、银行、"洋货铺"等，并在西安开办工厂。

民国成立后，现代化步伐加快。西安城市空间的一个主要变化是拆除满城，解除了城市发展的镣铐。1927年，西安市正式建市。次年，西安市政府将被拆除的满城区域划为新的城区，并计划在原有的道路系统上建设棋盘路网和社区，然后开设一些工厂和商店。1931年"九一八"事变后，日本加强了对中国的侵略，为了国家安全，国民政府决定将"长安定为陪都，命名为西京"，并成立了西京筹备委员会。

在制定西京城市规划时，政府借鉴了欧美国家的经验，听取了民间的建议，并明确指出西京是"周、秦、汉、唐四代古都"，多次强调了需要保护的历史遗迹，要"恢复汉、唐繁荣"。"七七事变"后，抗日战争全面爆发，西安因地处内陆，一直被国民政府指定为陪都。随着陇海铁路开始运营，西安的人口、工厂和商店迅速增加，现代化进一步加快。在整个民国时期，先后有两个西安城市建设规划，这两个规划不仅重视历史文化传统，也吸收了现代西方城市规划理论，对于保护文物、改善城市工作、改善城市和郊区的生活环境等方面都有许多好的提议，但都由于时局动荡而无法实施。

1949年10月1日，中华人民共和国成立。在过去的半个世纪里，西安在20世纪50年代初期、70年代末和90年代中分别制定了城市总体规划指导。城市建设近代化转换完成，西安开始向现代化都市建设迈进。

1953年，西安被指定为工业化建设的重点城市之一。根据苏联城市规划的理论和方法，编制了《西安市1953—1972年城市总体规划》。西安计划成为轻工机械制造业和纺织工业城市，市区以老城区为中心，主要发展在东、西、南三个方向。继承唐长安城和明西安的城市格局，保持中轴线，形成棋盘格局和放射形道路网络。虽然该计划受到"文化大革命"的影响，使城市基础设施和住房建设滞后，第三产业萎缩，许多文物遭到破坏，而未能完全落实。但另一方面，西安现代工业发展迅速，形成了新的工业基地。同时，市区也大幅扩展，功能区划已完成，形成了东郊纺织城、西郊电工城、南郊文教区、北郊仓库区和中心的老城行政管理与商业区。

为适应1979年新经济发展的需要，西安市政府制定了《西安市1980—2000年城市总体规划》。规划目标是："保持古城风貌，以轻纺、机械工业为主，建设科学研究、文化、教育、旅游事业发达的现代化城市。"该计划将旧城区确定为保护和改造的重要区域，对文物和各类历史遗存加以保护。对大多数老旧房屋和不合理的建筑设施都进行了改造。规划中的文物和旅游景点也确定了"保存、保护、复原、改建与新建开发紧密结合，城市的建设与古城的传统特色密切结合"的原则。通过绿地与景区线路的联系，建立点、线、面的连接，通过综合布局体现了唐长安城的风格和明西安城的简洁与严谨。在此规划的指导下，西安的城市基础设施、旅游、餐饮等第三产业得到了很大发展，城市空间也从封闭式转型为开放式。与此同时，西安东南部和西南部地区也发展很快。到了1985年，城市建成区从1957年的近100平方公里增加到160平方公里。1991年，西部郊区建立了高新技术开发区，其新的风格在悠久的古都风貌中崭露头角。

20世纪90年代中期，西安市政府响应国家号召，大力推进西部大开发战略，为新世纪的经济社会发展和城市现代化做好准备，在1996年制定了《西安市1995—2010年总体规划》。新规划介绍了西安市的城市性质为："西安是世界闻名的历史名城，我国重要的科研、高等教育及高新技术产业基地，北方中西部地区和陇海兰新地带规模最大的中心城市。"同时，西安将以科技、旅游、商业为导向，优化经济结构，促进电子、机械、轻工业的重组，保护历史文化名城，同时优先发展高新技术产业，大力发展第三产业。西安将逐步成为经济发达、功能齐全、环境优美、历史文化特色鲜明的外向型现代文明城市。逐步实现世界级的历史文化名城和旅游胜地，以及建设现代化国际大都市的宏伟目标。

2.3.2 曲江历史演变

曲江位于西安东南部，曾经是中国历史上著名的皇家园林区。它兴起于秦汉时期，盛行于隋唐，历时一千三百年，被誉为中国古典园林的先例，有曲江池、大雁塔、秦二世陵、唐城墙等重要历史遗迹。

在秦代，曲江称"陔州"，意思是毗邻水的长州。秦皇在曲江设立了皇室禁苑，即宜春苑，并在此兴建了一座离宫，即下苑。随后，在秦朝统一仅15年后，秦二世被赵高杀害，依照平民的葬制埋葬在这里，即今天的秦二世墓遗址。到了汉代，汉武帝因见此处水流曲折、地势起伏，便命名为"曲江"，这是"曲江"最早的来源，于今沿用了600多年。其后曲江沉寂了一段时间。到了隋文帝时期，隋大兴城依曲江而建，大兴城西高东低、北高南低，后宫位于北侧中部，高于东南。隋文帝认为在地形上后宫不应压倒东南部，于是采取"厌胜"的方法摆脱风水上的不利，也就是将曲江深挖形成曲江池，并与城市分离，可以确保皇帝的威严不受到压制。而曲江有曲水流通，依照其自然的形式，稍加修理就可以成为一个风景优美的地方，于是围绕曲江池的区域后来就成为皇家游乐场所。开皇三年（583年），隋文帝正式迁入新都，因觉得"曲"字不吉利，于是命令宰相高颖为这座皇家园林取新名。高颖见曲江池莲花盛开，遂更名"芙蓉园"。曲江在隋初进行了一些改造后，再次出现在皇家园林的历史舞台上，并冠以新的名称——"芙蓉园"。芙蓉园与首都大兴市紧密相连，曲池下游流入城内，是城市东南各坊的水源之一。在隋炀帝时代，黄衮在曲江池中雕刻了各种水饰，君臣坐饮曲江之畔，享受曲江流饮，将魏晋南北朝文人的故事引入宫中，为唐代曲江文化的形成与发展奠定了基础。

在隋代芙蓉园的基础上，唐代扩大了曲江苑圃的规模和文化内涵。除了在芙蓉园建设"紫云楼""彩霞亭""凉堂""蓬莱山"外，还建设了大型水利工程"黄渠"，扩大芙蓉池和曲江池的水面，使其成为皇室、僧侣和平民都可以游玩的场所。唐代，曲江成为长安唯一的公共园林，达到了发展史上最繁荣的时期，成为唐代文化的聚集地和唐代长安的标志性地区。那时的曲江，集"爽原""高岗""芳甸""沼池""沙洲"等多种地形特征于一个园林之中，跨原带隰，城绕堤围，湖泊连延，烟水明媚，花卉环绕。以曲江池为中心，形成了由曲江池、芙蓉苑、杏园、大慈恩寺、黄渠等众多景观组成的大型风景旅游区。如果加上曲江水系，该区域几乎占据了唐长安城东南的一半。

曲江长期以来一直是城市园林的重要组成部分，是唐长安园林体系的杰出代表，它与城市其他元素共同构建了长安城的空间格局。曲江苑圃是人工建筑和自然环境相结合的杰出代表。它既是城市与农村之间的过渡复合节点，也是影响城市气候的生态节点。同时，它具有大面积的湖泊、湿地和植被，以其鲜明的地理特征成为城市的景观节点；以其独特的社会生活场所属性和深厚的文化积淀，已成为城市的文化节点。这也决定了曲江区域将对西安城市的未来发展产生深远的影响。

1992年，西安市政府决定开发利用曲江旅游资源，建设西安曲江旅游度假区。1993年10月，陕西省政府正式批准西安曲江旅游度假区为省级旅游度假区。

西安曲江旅游度假区位于铁路寺和新开门路以西，翠华南路以东；南起南三环路，北至小寨东路和西影路，规划面积15.88平方公里。2003年3月27日，经西安市人民政府批准，扩大到47平方公里。同年7月26日，市政府批准设立"曲江新区"。曲江迎来了历史上又一次规划建设的高潮。同时，由于曲江在西安历史上的特殊地位以及拥有众多文物古迹的现实，我们必须把曲江新区规划中的遗址保护问题提高到应有的高度。

如何将曲江新区纳入西安城市规划特色保护机制中，成为西安城市空间格局，尤其是东南区域空间格局的关键？这就需要把曲江开发区域，作为西安空间体系的一个子系统，分析、协调空间单元和子系统、母系统之间复杂的关系，才能保护曲江的人文、自然、经济和生态资源，以达到遗址保护和城市发展"双赢"的目标。

2.3.3 大明宫历史演变

大明宫始建于公元634年，是唐长安最大的宫殿。宫城平面为不规则的梯形。城垣周长约7公里，面积3.2公顷。规模之宏大、规划之严整堪称中国古代建筑史上的巅峰之作。余秋雨曾评价说，大明宫"……不仅仅是一个景点，而是中国民族的千年气韵、万般尊严"。然而，公元883～896年唐末兵变，大明宫遭到严重破坏而逐渐废弃。

1934年，西安历史上具有重要意义的陇海铁路建成通车，不仅为西安发展注入了新的活力，也为西安北区带来了规模庞大的移民。尽管当时铁路以北包括大明宫的区域荒凉而破败，但却成为抗日战争中黄河决口时受害者的避难所。从那时起，饱受战区战火蹂躏的难民陆陆续续搬迁到这个地方，他们在那里组成了一个新的居民群体。随后，随着陇海铁路机务段和大化纺织厂的建立，这里变成了产业工人及其家庭的聚集地。

自1949年新中国成立以来，考古工作者开始在大明宫遗址区展开考古发掘，政府也随之推行了一系列保护工程。西安的产业结构始终以城市保护为原则，随着城市发展愈来愈快，西安市迫切需要寻找新的理念和方法来保护城市发展中的遗产。对于大明宫地区而言，如何在保护的前提下将历史转变为真正的文化产业，并通过它创造新的生产力和经济增长点至关重要。

大明宫遗址的考古发掘和研究已持续了50多年。1957年3月至1959年5月，中国科学院考古研究所对大明宫遗址进行了首次综合勘探开发，并出版了《唐长安大明宫》考古发掘报告。随后针对三清殿、清思殿、含耀门、含元殿、太液池、丹凤门等重要遗址进行了重点勘探。据考古成果和相关历史资料表明，大明宫位于西安市东北部。宫殿面积3.26平方公里。其平面南部较宽、北部略窄，宫殿区域的整体结构是完整的。宫殿的四面围墙和11个城门的位置清晰，东内苑和三面夹城的范围很明显。大明宫宫殿区内尚遗存有68个遗址点，地面上还有十几个夯土台基，含元殿、麟德殿、重玄门、蓬莱岛、望仙台、东北城角等。虽然大明宫的考古工作已经持续了半个多世纪，但它受到资金、人员和考古的运作周期的限制。目前考古发掘的数量依然仅占遗址总数的5%左右，这显示出大明宫遗址考古工作的长期性和艰巨性。

由于考古工作的长期性，并且大明宫遗址位于城市建成区，因此，保护遗址与城市发展、经济建设以及市民生活之间的矛盾多年来一直非常尖锐。一方面，作为国家"十一五"遗址保护的重点项目和"丝绸之路"联合申遗的重要组成部分，另一方面也为了促进遗址保护和当地社会经济发展，促进大明宫的保护和考古研究的进展，大明宫的遗址保护规划一直是各级政府关注的焦点。早在1981年，西安市人民政府就成立了大明宫遗址保管所。2005年，陕西省人民政府实施了国家文物局批准的《唐大明宫遗址保护总体规划》。多年来，文物管理部门对遗址区域内的各个遗址点进行了保护和展示工作，工作人员多次建立和完善现场保护标志，建设数字化档案系统，同时就如何合理地保护和利用遗址及其所处片区的空间也进行了理论研究和多方探索。

目前，大明宫遗址区的保护规划已比较成熟规范，是国家大型遗址保护的前沿探索与实践。大明宫遗址公园的总体规划内容主要包括：一心——大明宫国家遗址公园；两翼——以火车站北广场为轴线，在陇海线东西两侧形成两大城市重建段；三圈——形成未央路、太华路、北二环三个商圈；六区——即六个功能区，包括文化旅游区、商业服务区、商业核心区、改造示范区、中心居住区和集中安置区。

大明宫遗址公园的建设以文化策划和超前规划为指导，由大明宫国家遗址公园的建设为驱动力，由大型城市经营者组织参与土地开发，以"整体拆迁、整体建设"为手段，来确保提高该区域人民的生活水平和城市空间品质。努力在西安建立一个人文、活力、和谐的示范新领域，探索以大遗址驱动带动地方经济的城市发展新模式，开辟保护和利用大遗址的新途径，并积累了城市整体拆迁和开发的经验。

2.3.4 汉城历史演变

西汉长安是从秦咸阳城重建而来的，因此，秦咸阳的建造基础自然会对汉长安的空间产生影响。汉代秦兴后，在渭水河南岸重修了秦朝兴建的兴乐宫，并改名"长乐宫"。此后，为巩固其统治，又在长乐宫以西建造了雄伟的未央宫，以达到"天下方未定，故可因以就宫室。且夫天子四海为家，非壮丽无以重威，是无令后世有以加也"的政治目标。随后，又在未央宫以北建造了北宫。除了包括长乐、未央、北宫、明光宫外，又穿越西城墙，建起一座宏伟壮观的建章宫，用架空复道与城市的宫殿相连。作为西汉的都城，汉长安城因其规模宏大、城市雄伟与欧洲的罗马城并称为世界历史上最文明繁荣的国际大都市。这里也是我们所熟知的丝绸之路的起点。西汉长安城建于汉高祖五年（公元前202年），城市规模巨大，功能较完备。其平面是一个不太完整的方形，南边界曲折如北斗，故而也被称为"斗城"。城墙周长25.7公里，城区内占地面积36平方公里。主要建筑物包括：长乐宫、未央宫、北宫、明光宫和城西的建章宫，以及城南的礼制建筑，总面积约65平方公里。自西汉以来，长安城又历经9个朝代，作为都城共经历了350年，作为重要城市使用期近800年，是承载西安遗产的最重要的物质载体。

1994年，为加强对汉长安城遗址的保护，西安市机构编制委员会成立了西安汉长安城遗址保护中心。机构级别属于科级，编制15人，负责遗址的保护和管理，文物收集，档案管理，藏品展览和保存，宣传、组织群众保护遗址。2008年，西安市机构编制委员会再次批准西安市汉长安城遗址保护中心为处级单位，增至25人，内部机构4个（包括办公室、现场管理部、宣教部和保安部）。保护管理机构的推广，对加强遗址文物保护管理，进一步有效保护遗址及周边环境，更好地为公众服务，发挥了积极作用。

汉长安城遗址保管所成立后，先后组织相关部门编制了以下规划：

（1）《汉长安城道路遗址保护规划》，2003年9月西安市文物局、西北大学城市建设与区域规划研究中心共同编制，国家文物局文物保函〔2004〕771号2004年6月11日批准实施。

（2）《汉长安城遗址绿化规划方案》，是为配合陕西省政府实施"大绿"工程，2003年9月由西安市文物局、西北大学城市建设与区域规划研究中心共同编制，陕西省文物局陕文物函〔2003〕231号2003年11月13日批准实施。

（3）《汉长安城遗址保护总体规划》，由西安市文物局、西北大学城市建设与区域规划研究中心共同编制，国家文物局文物保函〔2009〕41号2009年1月13日批准实施。该规划以汉长安城遗址区为主要规划和保护对象，并根据建章宫遗址和礼制建筑遗址的实际情况制定相应的保护措施。这些保护规划的编制为汉长安城遗址保护工作的全面发展提供了科学依据。

近年来，在国家文物局和西安市政府的共同推动下，汉长安城遗址保护区实施了一系列国家重点大遗址保护工程。结合该遗址区的特殊性，通过各种保护方法，展示了大遗址保护的多种可能途径。完成了汉长安城重要的城墙、大门和夯土遗迹保护工程，实施了桂宫二号遗址保护工程，长乐宫第四、五、六号遗址保护工程，未央宫前殿保护展示工程。这一保护展示项目保护了汉城和重要的遗址点，完成了汉长安城遗址展览馆的建设和展示，并正式成为西安另一个重要的遗址公园。

2.4 我国遗址保护沿革与西安的探索

2.4.1 我国遗址保护理论沿革

1. 我国古代古建筑的保护与利用

在中国古典文化时期，古建筑不同于古玩字画类的收藏品，仅属于"工匠之作"，算不得艺术品。因此保护行为大都是出于节约的目的，这种实用主义的观念形成了我国古建筑保护从一开始就与再利用结合在一起的局面。

在这种观念的引导下，古代的工匠们总结发展出一套实用的古建筑修缮和维护技术方法。各朝各代也都制定了一些相关的建筑维护修整制度。例如，宋代就有专管修缮城垣的厢军，元代则规定守城兵卒负责每年更换损坏的城墙苇衣。明代《明会典》记载："凡京师城垣，洪武二十六年定：皇城、京城城垣，遇有损坏，即使丈量明白，见数计料，所有砖灰，行下聚宝山黑窑等处关支；其合用人工，咨呈都府行稷留守王卫差拨军士修理。若在外藩镇府城隍，但有损坏，关于紧要去处者，随即度量彼处军民工料多少，入奏修理。"这种定期维修的制度一直延续至清末。除了日常的维护，大木作的维修和更换也有史可考。如《宋史》"方伎传"记载了僧怀丙利用木楔抬高梁，抽换大柱来矫正应县木塔，以及用相同的技术修整塌陷的赵州桥的做法。在《营造法式》中第十九卷的"拆修挑拔舍屋功限"中明确规定了维修矫正房屋的具体做法。当一些特别重大的建筑被严重损毁时，由于古人敬祖尊古的道德观念，往往采用原址重建的办法。例如故宫的太和殿和乾清宫就数次被重建，始建于三国时期的黄鹤楼更是屡毁屡建。不过，对于那一时期的重建并不一定都按照原样建造，有时仅仅是在原址上修建一座全新的建筑。

严格说来，我国古代时期对于古建筑并没有"遗产保护"这一概念。对古建筑的维修和重建或者出于继续使用的目的，或者出于"怀古伤今"的情感需求。古建筑仅仅作为一种"器物"而存在，可用则用，不可用则废弃不问。即便是对古建筑的维护，也没有形成任何理论化的原则或者指导方针，而仅仅停留在技术层面上，因此维修带有明显的时代印记和工匠的个人意愿。无论是上层贵族还是普通百姓，都完全没有意识到建筑作为历史、文化、艺术、社会、生活的见证和载体的存在意义，绝对的实用主义观念导致了大量珍贵古代建筑的湮灭，但同时也使得有幸保存下来的建筑经常残留多个时代、多种风格的历史信息。

2. 19世纪末到20世纪初

从19世纪末到20世纪初，由于受到西方文化的剧烈冲击，中国的一批文化精英开始反思传统文化，并积极向西方文明汲取先进的思想和技术。随着大批海外留学生归国，带回了西方先进的文物保护、考古学、建筑学等学科知识，我国的遗产保护事业开始初露萌芽。

1922年北京大学成立考古学研究所，随后设立考古学会。1928年，国民政府成立了中央古物保管委员会，并于1930年颁布《古物保存法》，一年后又颁布了《古物保存法实施细则》，这两项法案都将古建筑列入了文物保护的范畴，标志着我国建筑遗产保护的起步。

1929年，中国营造学社成立，朱启钤担任校长，梁思成和刘敦桢分别担任法式、文献组的主任。学社从事古代建筑实例的调查、研究和测绘，以及文献的收集、整理和研究工作，宣传古建筑保护的意义，引入现代保护观念，参与了大量文物建筑的修缮活动。营造学社为中国古代建筑史和中国古建筑保护作出了巨大的贡献，并提出了一些重要的保护观点，如不可改变文物的原状、重视保护与研究的关系等。梁思成先生还编写了《全国重要文物简目》，后来成为设立我国第一批文物保护单位的重要参考依据。

这一时期的中国建筑遗产保护初露端倪，是由一批文化精英在国事风雨飘摇中艰难开创的。虽然，这一时期的遗产保护依然停留在文物、考古的阶段，没有形成系统的遗产观念，更远远谈不上与城市的结合，但毕竟迈出了艰难的第一步，这些先辈令人赞叹的努力为后人打造了一个坚实的基础。

3. 中华人民共和国成立初期到改革开放前

从20世纪50年代开始，国家开始重视建设，对古建筑保护的力度也有所加强，但最显著的特点是一切以政治为中心。无论是中华人民共和国成立初期的快速发展，还是"文革"的十年动荡，建筑遗产的命运始终与政治导向紧紧联系在一起。

中华人民共和国成立后，对于文物建筑、遗址的考古和发掘主要由文物考古部门负责，对古建筑和保护理论的研究则扩大到建筑院校中。在此期间，以梁思成先生为代表的学者提出了我国最早的文物建筑保护原则，主要有以下三点：其一，"整旧如旧"原则，即不过分追求古建筑的视觉美观性，而保存古建筑现有的历史沧桑感；其二，"最有必要措施"原则，即在对古建筑采取维修措施时，要确保这些措施是不可或缺，不会影响古建筑的历史价值和艺术价值的，也就是尽可能少地对古建筑进行干预；其三，"历史环境保护"原则，也就是除了保护古建筑本体，还要保护文物建筑的环境。对于文物建筑的利用，梁思成先生提出了"分级利用"的观念，对不同级别的文物建筑采取不同的对待方式，有些要绝对保护，有些则可以适当地加以再利用。

在这一时期，建筑遗产的去留主要取决于政治需要，其次才是学者的观点，而民众对于遗产概念依然处于全然懵懂的状态。对建筑遗产的再利用也仅限于参观和文教功能，与城市发展和生活相隔甚远。国家对遗产保护的工作重心仍然集中在对重点文物的保护与修复上，这一工作即便是在"文革"时期也未被打断，因而，那些最为重要的建筑瑰宝都被保存了下来。

4．20世纪80年代至今

改革开放之后，城市发展突飞猛进，全国各地陆续进入大规模空间的开发建设阶段。新区的建设和老城的更新，以及城市基础设施的改造导致历史城市的风貌被大规模彻底改变，我国的建筑遗产保护进入到一个新的时期，其核心问题也从单个文物建筑的保护转向历史街区的保护，从单纯的建筑遗产保护转向综合利用与旧城复兴。建筑遗产保护的主导因素，也从政治因素转变为经济因素。

在1988年公布的全国第三批重点文物保护单位中，建筑遗产的范围从特别珍贵的纪念性建筑，扩展至一般性的民居建筑。1993年，建设部、文物管理局共同草拟了《历史文化名城保护条例》，将被保护的对象从单体建筑扩展至街区、城区范围。同年，我国以国家委员会的身份参加了国际古迹遗址理事会（ICOMOS），从此，我国建筑遗产保护事业开始了国际交流合作的历程。

在保护理念上，我国加大了对近现代建筑遗产的关注和再利用。地方上纷纷出台了具有针对性的法规和文件，提出对尚未入选文物保护单位的建筑也应加以保护。2005年的《西安宣言》提出了"历史环境"的概念，将文化遗产的生存环境作为保护中的重要问题提出，指出"历史环境"是遗产价值中不可或缺的一部分。此外，还引进了国外常见的"遗址公园"保护模式，针对地理覆盖面积较大的大型遗址，进行对遗存构建的原位保存和现状保存。同时，还开始了对"大遗址"保护的探索和实践。"大遗址"一般是指占地面积在5平方公里以上、有居民生活、具有较高历史文化价值且不可移动的地下遗址，它不仅仅是文物保护单体，更是与之相关的地理环境、文化环境和社会环境的综合体系。

在这一时期，一方面我国的建筑遗产工作与国际接轨，并飞速发展起来，出台了大量有建设性的政策、法规，保护理论的发展也相当迅速。但另一方面，由于受经济为主导的社会价值观的影响，一切以经济利益为目标，建筑遗产受到的损害也空前巨大，城市发展区和建筑遗产密集地区的发展与保护形成了复杂而尖锐的矛盾。

我国在建筑遗产保护与再利用方面的探索和实践，历经了从单体到群体、从文物保存到开发利用的转变，在此期间与城市建设不断发生冲突、协调，再冲突、再协调的关系，这些极富中国特色的问题和解决问题的方式，为进一步通过遗址保护的变迁来考察城市空间的发展提供了丰富的实践经验和大量可供分析的实际案例。

2.4.2 西安的探索

1．第一次总体规划时期（20世纪50年代）

在西安市第一次总体规划时期（1953～1972年），已经开展了历史文化名城的保护工作。本次规划中，对于遗址保护方面的理念主要体现在：重视长安城的历史变迁和发展特征，重视古建筑和文物的保护与利用（此时的保护与利用其内涵与方式与其后有很大不同）。第一，在具体的规划上，城市中心区的发展在对明城尽量不改建的基础上，充分利用原有城市交通网络与空间，保护城市的历史肌理特色。第二，整个西安市的空间构架沿用了唐长安城的棋盘式布局，具有明显的轴对称和方格街坊的特征。第三，对一些地面尚有遗存的遗址，例如兴庆宫、大雁塔、小雁塔等，将其建设成为城市公园和绿地，为改善城市环境起到积极作用。这一方式一直沿用至今。第四，城市建设充分避让了周、秦、汉、唐的遗址区，空出北面遗址密集区域，而向东、西、南发展。既有利于遗址的保护，也解决了当时以工业建设为主而造成的新、旧矛盾。

这一阶段的西安市遗址保护策略，已经有了保护为主的理念，也产生了一些遗址利用的方法，但总体而言，仍属于割裂式的保护方式。虽然在当时的经济条件下，割裂、孤岛式方案虽然存在着合理性和必然性，但毕竟没能使遗址区跟上城市建设的步伐，并为日后西安市一旦提及"遗址保护"就必然面临大面积的棚户区、城中村拆迁安置问题埋下了根源。

2. 第二次总体规划时期（20世纪80年代）

在1980～2000年这一阶段，西安市政府更加确定了以明城为中心，继续发扬唐城棋盘式布局的规划思想，以新城围绕旧城，进一步向东、西、南三个方向发展，形成了以明城为核心、环形外扩的城市空间形态。本次规划首次提出要对明城采取保护+改造相结合的方针，构成了西安市核心区（明城墙范围内）"一环、二片、三线、十八点"的格局，在一定程度上对历史遗址空间与城市空间的结合有了系统性规划的认知。与此同时，第三次产业革命的兴起，使得如火如荼的旅游大开发席卷了几乎全国各地的历史古迹与遗址，西安也未能例外。旅游业的兴起对于遗址保护的利弊得失难以一言以蔽之，但在这次规划中，西安市编制了《市区建筑高度控制要求规定》和《西安市周丰镐、秦阿房宫、汉长安城和唐大明宫保护管理条例》，这两项规定的出台，标志着西安市遗址保护的里程碑。至此，对遗址的保护也好，开发利用也好，都进入了与城市发展共存的进程，遗址空间开始与非遗址的城市空间共同作用于整个西安市的空间形态和城市面貌，二者终于从各自发展走向寻找偕同共生的道路。

3. 第三次总体规划时期（20世纪90年代）

从1995年到2010年的时间跨度，尽管只有短短的五年，但西安市的变化却比之前的任何一个五年都要巨大。针对历史文化名城的保护发展来说，这一阶段引入了可持续发展的理念，并进一步发展了保护历史环境的整体观。通过实施《西安历史文化名城保护条例》，明确了许多遗址的保护范围，并提出了具体针对城市空间特征的措施，包括保护遗址形态、遗址周围建筑物的限距和高度限制，以及施工风格的协调和视觉走廊的形成。

在这一时期，对非物质遗产的保护也得到了重视。遗址保护不仅仅表示对物质的尊重，它还涉及与场所相关的许多精神层面，如活动、风俗、工艺品、民间艺术、民俗风情等。物质和非物质遗产的结合使得遗址场所的保护更加系统和全面，对于城市文化，尤其是地域性文化的保护和生活多样性的维持发挥了重要作用。

4. 第四次总体规划时期（21世纪以来）

在2008～2020年的第四次西安市总体规划中的第十一章"历史文化名城保护"里，明确提出的规划指导思想包含了"树立区域理念，整合历史资源，继承传统格局，划定保护重点"和"遵循可持续发展的原则，突出古城精华，挖掘文化内涵，塑造城市特色，提升城市品质，重现古都辉煌"。其中指出的"区域理念"和"塑造城市特色，提升城市品质"将保护工作的目的从单纯维护历史转向了对当下城市生活品质的提高。在保护原则中，也明确提出"坚持以人为本的原则：积极探索有机更新的方法，统筹保护历史文化资源，重塑城市优美的空间秩序"以及"坚持积极保护的原则：合理调整城市功能，积极发展商贸和旅游业，增强发展活力，促进文化复兴，推动城市的可持续发展"。可以看出，现阶段的遗址保护，势必与城市空间的发展同步开展。而且，保护已不仅仅落实在物质层面，而是更加体系化、多层次、多样深入的工作。从空间角度来说，目前遗址保护至少涉及生态环境、城市功能、空间经济等多个方面，整个保护体系愈加系统、完整。

综上而言，西安市古城建设从开端至今，具有以下三个特色：

（1）以保护为前提，延续城市生活与空间变迁的记忆，逐步形成了整体性、多层级的保护理念和城市更新机制。

（2）遗址保护具有明显的由点到线再成面的系统化特征，并直接与城市规划接轨。因为遗址区被编织进了城市空间网络中，这必然导致了遗址区对整个城市的空间形态的形成，造成了重要的影响。

（3）在操作层面，保护理念渗透进了区域规划、城市设计、建筑设计、景观环境等各大体系。这也导致，对于遗址空间如何影响城市空间的研究，必须从系统论的角度，多方位进行考察。

由于本研究主要探讨遗址片区作为城市空间母系统中的子系统对于母系统的影响，故而聚焦于空间影响，而对其他方面的影响不做考量。如前所述，大遗址对于城市的影响有很多方面，但就和大遗址本身的特色和价值来说，其对空间影响可以细分为四个方面：对城市空间功能分布和转变的影响；对城市生态系统的影响；对城市交通系统出行效率的影响和对于城市社区环境，尤其是心理环境的影响。这四个方面的影响实际上也呼应了大遗址四个价值中的使用价值与情感价值。

针对这四个方面的影响，进一步将其设定为四个量化指标，即空间功能、城市生态、空间效率和社区吸引力。本章将对这四个指标的定义、相关因子、数据采集和量化计算方法做出具体说明。

3.1 空间功能及其因子

3.1.1 空间功能与兴趣点

城市空间一直是城市地理学和城市规划的核心要素之一，而城市空间结构是城市空间研究的基本核心，它以一套规则将空间子系统组织成一个城市空间母系统，并解释其内部的行为规律及相互作用。城市空间结构一般由空间形式和空间功能两个方面构成，其中空间功能对城市的运作影响重大。城市空间功能主要包括某一区域的功能类型、使用强度以及功能的混合度等，它决定了城市空间的总体结构以及某一区域承载的社会、经济功能。由于城市空间功能的差异，人的行为活动也相应产生差异，并反过来影响空间功能的分布。在不同区域、不同时间，城市空间的功能也会随着城市规划的调整与区域的自身发展发生变化。研究功能变化的规律可以帮助考量区域的规划是否达到预期，或预测区域功能的未来发展走向。

以往城市空间功能的识别大多依赖人工采集、现场勘探的实地调查，不仅工作量巨大，且识别结果受调查人员的主观影响较大。之后，城市功能用地类型识别出现了依靠卫星遥感影像数据识别的方法。然而，城市功能区的划分本质上主要是反映其社会、经济功能，遥感调查则主要依赖于地物的光谱特性，无法直接侦测地物承载的社会、经济功能。面向对象的遥感影像自动提取方法可以实现一定程度的用地类型提取，然而识别结果仍主要依赖于地物的物理特性，难以达到城乡规划实践的具体要求。尤其是在"互联网+"时代下，土地利用趋于混合，城市功能界限逐渐模糊，遥感识别城市空间功能的方法变得更加局限，因此，基于大数据分析的城市空间功能识别成为城市规划的有效手段之一。

随着大数据时代的到来，电子通信及定位服务的迅速发展使城市中各类空间大数据不断涌现。海量数据的深入挖掘分析为城市功能的自动识别带来新的手段，目前研究的主要热点集中于定位数据和兴趣点。定位数据，如微博、微信定位数据等，多偏向于反映不同区域人类的活动强度，而兴趣点则主要反映城市功能分布的特点。兴趣点（Point of Interest，POI）泛指一切可以被抽象为点的地理实体，尤其是与人们生活密切相关的设施，如商场、车站和学校等，是导航电子地图的重要内容。兴趣点是城市功能的具体体现，遍布于城市的大街小巷。POI信息主要包含功能类型、地理坐标、店铺信息和评分等，能很好地表征城市功能，集地理信息与功能信息于一体，相较于传统数据具有规模大、覆盖广、类别多、易获取、更新速度快等多种优点。在研究城市空间结构的过程中，POI数据能够很好地体现城市功能分布的聚类状态、混合程度等，帮助研究者定量化地深入研究城市功能的分布特点。

兴趣点自身具备一套分类体系，虽并非与城市用地分类体系一一对应，但基本能较为全面地反映城市空间功能的具体分布。艾斯蒂马（Estima）和派尼奥（Painho）等将开放街道地图（Open Street Map）的兴趣点分类体系与欧盟环境局发布的CLC（Corine Land Cover）土地利用分类体系进行相关性分析后，发现76.7%的兴趣点能够在第一层级分类上匹配其所在位置的用地类型，因此认为利用兴趣点数据推断和描绘用地数据图具备一定可行性。但在研究中也发现，基于兴趣点的功能区类型识别可以取得较高的分类精度，本质上，此类研究仅利用兴趣点的分类类别、空间分布等基础地理信息。因为缺少社会感知的参与度数据，也容易导致其出现一定的偏差，故在分析时需结合城市规划进行综合判断。

本章选取2010年和2016年的大众点评数据，以数据采集与分析为手段，将城市空间功能的变化作为切入点，对西安市及三个遗址研究区的功能进行量化研究，分析遗址开发与再利用建设对于其所处城市片区所产生的影响，有针对性并更加客观、定量地考察通过遗址区开发建设，其所在城市片区的功能是否发生了变化与转移。

3.1.2 影响因子的选择及计算方法

城市空间功能可以从多个方面进行定性定量分析，本书主要以POI数据（功能兴趣点）为例，选取三种计算值（POI增长值、POI数量变化幅度及某类POI所占比重）进行比较，它们可以帮助量化并研究不同类型功能的变化程度。空间属性则主要依据空间句法理论选取三类属性值——整合度、选择度与标准角度选择度在4个半径范围内的共12个数值进行量化，本节将具体阐述数据处理及因子的选择。

1. 数据采集

POI数据数量庞大，总体呈爆炸式增长，仅就西安而言，2010年绕城高速以内主城区的兴趣点数量超过25万条，2016年兴趣点接近30万条。POI数据信息丰富，但在不断更新的海量数据中，难免存在一些无效或重复数据，不能直接进行分析。此外，POI数据均包含位置信息，结合城市形态进行分析需将兴趣点与空间位置进行对应。本节结合POI数据，运用GIS技术、统计数学等方法对POI数据进行处理，对城市空间功能进行分析，具体可分为以下几个步骤：

第一，数据获取。为了研究遗址区的空间功能分布及其动态变化特点，首先选取了2010年、2016年西安市的POI数据（包含其名称、位置、评分、功能类型、人均消费等多种信息）。原始数据中包含近20种功能分类，基于研究目标，我们结合原有分类选取了其中15类与规划目标评价相关的功能类型，包括购物、美食、公司企业、生活服务、宾馆、房地产、休闲娱乐、交通设施、丽人、教育培训、汽车服务、医疗、金融、运动健身和旅游景点功能。由于数据发展起步较晚，2002年的数据无法获取，且三个遗址研究区当时并未开发，功能较少，因此在空间功能这部分对于2002年的数据不予讨论。

第二，数据预处理。大数据虽包含信息丰富，但都存在掺杂重复或失效信息、无法十分精确等问题。由于原始数据某些点在功能上有重合（如"公交车站"和"公交车站出入口"信息存在重复），或部分POI数据（如十字路口、地名等）与研究内容相关性较小，笔者对数据进行了清理，最终得到符合研究目标的统计数据。

第三，空间投影。在对原始数据清洗并汇总过后，又利用坐标转换软件将数据的坐标由地理坐标（火星坐标）转换为平面坐标（地球坐标），再利用ArcMap将其投影到西安市地图上，进行二次坐标矫正，最终实现数据空间可视化。

第四，数据处理与统计分析。数据经过初步投影之后，利用ArcMap的Spatial Join功能，分别将三个遗址区的POI数据建立新图层进行统计，并计算出遗址区每年不同类型功能的POI数量，在Excel中进行统计，进而分析每一区域每一类型的功能变化趋势。

2. 量化计算与比较

空间功能选取了POI增长值、POI数量变化幅度及某类POI所占比重三类数据来进行量化，分别从不同角度来衡量功能的增加或减少、变化幅度大小与功能结构的调整。在前一部分我们提到空间功能主要以15类POI数据（购物、美食、公司企业、生活服务、宾馆、房地产、休闲娱乐、交通设施、丽人、教育培训、汽车服务、医疗、金融、运动健身、旅游景点）为基础进行分析，下面具体阐述影响因子的计算与分析：

（1）POI增长值。某类功能2016年的POI数量减去2010年的POI数量即得到该类功能POI的增长值，增长值存在正负，正值即为该类功能在5年间有所增长，负值即为该功能慢慢萎缩，绝对值表示POI增长的数量大小。增长值主要帮助判定空间功能规模的扩大或缩小，由于不同区域不同功能存在差异，因此其绝对值的横向比较参考意义不大，仅作为自身规模变化的参考。

计算公式为：$\Delta N_i = N_{i2016} - N_{2010}$，$\Delta N > 0$时，功能强化；$\Delta N < 0$时，功能弱化。

（2）POI数量变化幅度。POI增长值只能判断功能强化或弱化，无法横向比较。因此，提出POI数量变化幅度来定量判断不同功能强化或弱化的程度。POI增长值除以某类功能2010年的POI数量即可得到POI数量变化幅度。根据不同类型功能各个年份的变化百分比，我们将0～10%的数量变化作为基本保持不变，将10%～20%的变化作为小幅变化，将20%以上的功能变化作为大幅变化，对其变化幅度差异进行进一步分析。

计算公式为：$R = \dfrac{N_{i2016} - N_{i2010}}{N_{i2010}}$，单位为%，绝对值表征该类功能增长或减少的幅度，可在不同功能之间横向对比。

（3）某类POI所占比重。对于功能结构的考量也是城市空间功能研究的重点，遗址区开发与再利用必然导致该区域的功能结构出现一定的变化，功能结构的调整可以帮助预测未来该地块的发展走向。某类POI的数量除以该年POI的总数量即可得到某类POI所占比重。

计算公式为：$P = \dfrac{N_{i201x}}{N_{i201x}}$，单位为%。

3.2　城市生态及其因子

3.2.1　景观格局指数的选择与分类

城市生态空间是城市空间的重要组成部分，是跨人文地理、城市规划、生态等多学科的交叉研究领域。城市生态空间是人类住区五大系统中最基本的系统，是自然系统的一部分。它在提供城市生态基础、保障城市生态安全、提高居民生活质量方面发挥着重要作用。"绿色空间"一词常用于国外生态空间研究文献中。关于其定义有三个观点：第一，绿色空间的内涵是指所有绿色植被覆盖面，其土地类型包括了农业用地等。第二，是将绿色空间定义为具有植被覆盖的自然和具休闲功能的开放空间，这一观点强调绿色空间的开放性。第三，是将自然环境划分为"绿色空间"和"蓝色空间"。前者通常包括有植被覆盖的开放区域（如公园和体育场）、自然保护区（如森林），还有私家花园、农场以及以植被覆盖为主的所有空间。而后者主要是指水体占用的空间（如湖泊、海洋、河流等），但一般不包括人造水体（如喷泉和雕塑）。在"城市生态空间研究的进展与展望"一文中，王甫园将城市生态空间定义为：城市地表被人工、半自然或自然的植被与水体（包括森林、草地、绿地、湿地）等生态单元所占据的，为城市系统提供生态服务的空间，包括城市绿地、城市森林、农业用地以及水域等多种土地类型。

结合其概念和定义，基于本研究的主要内容和目标，本书中的城市生态空间主要以城市空间内的绿地空间（包含人工绿地和自然林地）及水域为研究对象，在土地利用分类上包括耕地、林地、草地、水域四类，和一般意义上的生态空间有所区分，又具有联系。主要强调其两个特征：一是城市是人口和产业聚集的区域，城市建设过程中会对原有的生态系统进行重建或改造，因此绿地空间包括人工绿地和自然绿地两种类型；二是所研究的城市绿地空间承担着重要的职能，在保护和发展城市生态系统的同时，为城市居民提供休闲基础设施的服务，并保障居民的身心健康和生活质量。本书主要研究遗址在开发建设过程中对于城市绿地空间产生的影响，因此偏重于城市生态空间土地利用格局的变化分析。

景观生态学为城市生态空间分析提供了针对水平格局、纵向过程、人工和自然景观协调的生态分析工具。其研究最突出的特点即是强调空间异质性、生态学过程和尺度的关系。景观生态学将空间格局、生态学过程和尺度结合到一起研究，弥补传统研究方法偏重其一的不足，是研究城市生态空间较为成熟的方法之一。在景观生态学中，研究景观结构（即构成要素的特征及其空间格局）是研究景观功能和动态变化的基础。景观结构或空间格局的分析一般包括以下基本步骤：收集和处理景观数据（如野外调查、测量、遥感与图像处理等）；接下来是数字化景观，并适当选择研究模式与分析方法；最后解释和整合分析结果。景观数字化有两种表达形式：栅格化数据和矢量化数据。对于空间非连续型可变数据（如绿地），景观数字化往往采用前者，相应的分析方法是格局指数法。这也是本书研究城市生态空间的主要方法。

空间格局分析方法是指用来研究景观结构组成特征和空间配置关系的分析方法。景观生态学模型及各种指数分析方法是空间格局分析方法之一，它为量化研究绿地空间格局提供了技术支撑。自20世纪60年代哈佛大学的卡尔·斯坦尼茨（Carl Steinitz）教授及其同事将GIS引入景观规划以来，景观指数的使用与日俱增，加强了景观分析过程的精准性和客观性。目前，生态学家已经构建了几百种景观指数用以分析景观格局，可在景观格局分析软件（如ArcGIS、FRAGSTATS）中计算得出。近年来，随着学科之间的相互渗透和相互影响，景观指数经常被用来定量化研究快速城市化过程中的城市生态系统和自然生态系统所发生的变化和生态学过程等。据有关学者统计，1994年到2008年间，世界上用景观指数来研究生物多样性与生境斑块、景观格局与动态过程这两个方面的文章最多，基本上每年有25篇左右。许多大城市（例如北京、上海及部分省会城市）数据较全，研究范围较大，对影像数据分辨率较低，以往学者已建立起较为成熟的空间格局分析方法，本书将借鉴此类方法对西安城市生态空间格局进行分析。

景观指数是指能够高度浓缩景观格局信息，反映其结构组成和空间配置等方面特征的简单定量指标。景观指数的种类丰富，且许多指数之间存在着显著相关性，研究时根据研究的对象、内容和空间尺度来选取不同的指数进行分析研究。如田玉红等基于高分辨率的Landsat影像，在斑块类型水平上选取了4类共20个景观指数，分析了中国香港不同行政区内城市绿地空间的景观和生态质量；邵国权等学者以南京市1990年、2000年、2010年的遥感影像为数据源，在斑块类型和景观层面选择了10个景观指数进行分析，揭示了南京20年来景观格局的演化特征。

通常来说，可以在3个层面分析景观格局特征：单个斑块、斑块类型（由多个单独的斑块组成）和整个景观镶嵌（包括多种斑块类型）。相应的景观指数也可以分为3类：斑块个体水平指数（patch-level class）、斑块类型水平指数（class-level class）和景观格局指数（landscape-level class）。斑块个体水平指数往往作为计算其他景观指数的基础，而其本身对了解整个景观结构并不具有很大的帮助，因此本书未选取该水平指数进行分析。斑块类型水平指数包含了多个斑块，并且可以相应地获得具有统计指标和空间变异性的一系列数据。而景观水平指数可以在景观层面进一步计算各种多样性指数和聚合指数。本书主要采用这2种类型水平指数进行分析。

所有的景观指数根据所反映的信息都可分为10类：面积、周长、边缘类指数、形状指数、核心面积指数、隔离度指数、对比度指数、聚集度指数、连接度指数和多样性指数。为研究西安遗址空间的景观格局动态变化，本书从斑块类型和景观2个尺度水平选取了一系列与空间关系密切的景观格局指数。在斑块类型尺度水平选用斑块类型所占面积比例（PLAND）、斑块个数（NP）、斑块类型面积（CA）、斑块密度（PD）、斑块形状指数（LSI）、最大斑块指数（LPI）、斑块聚合度指数（AI）；在景观尺度水平选取Shannon多样性指数（SHDI）、面积加权平均形状指数（SHAPE–AM）、面积加权平均分形维数（FRAC–AM）、景观斑块破碎度指数（SPLIT）。

在研究景观指数时本书也考虑了尺度（scale）方面的问题。尺度是景观生态学中的一个重要概念，是指研究客体或过程的空间维度和时间维度。尺度往往以粒度（grain）和幅度（extent）来表示。空间粒度是指景观中最小可辨识单元（本书中指斑块单元）所代表的特征长度、面积或体积；时间粒度是指某一现象或事件发生的频率或时间间隔；而幅度是指研究对象在空间或时间上的持续范围或长度。由于景观格局及其变化在不同的时间和空间尺度上具有不同的特征，常常表现出尺度效应，即随着尺度的增大，景观出现不同类型的最小斑块，最小斑块面积也逐渐增大，而景观多样性指数随尺度的增大而减小。另外，不同尺度下的景观格局和过程既有相同的特征，也存在显著的差异。在城市生态空间的研究过程中，为研究遗址区在不同绿地规模下对城市空间的影响差异，一般将绿地空间分为不同的空间粒度进行描述对比，但在对西安绿地空间进行分类的过程中，发现西安市内绿地尺度普遍较小，且分布零碎，三环以外则主要为大片连续的耕地，两者尺度相差较大，中间尺度出现断层，无法较为合理地进行阈值分类。另外，由于遗址研究区规模相差较大，绿地尺度也不在同一等级，无法横向比较，因此本书在城市生态空间尺度方面仅作简要描述，不予深入比较。

3.2.2 景观格局指数的计算方法

近年来，随着计算机科学的发展，景观格局指数可以通过多种方法和软件获得。其中最常用的一种是FRAGSTATS软件，FRAGSTATS是一个定量分析景观结构组成和空间格局的计算机程序。它在上述3个层次（斑块个体水平、斑块层次水平、景观水平）可计算8类共59个指数。在使用FRAGSTATS软件时，需要使用者自己定义分析的景观，进行适当的斑块分类和边界确定。根据本书研究目的，将土地利用分为6大类：建设用地、未利用土地、草地、林地、耕地和水域（包括河流、鱼塘和人工湖等），城市生态空间主要研究后4类，建设用地与未利用土地则作为对比参照进行分析。研究范围包括一个大的城市范围（绕城高速以内的城市区域）和三个遗址研究区（曲江遗址片区、大明宫遗址片区和汉城遗址片区），边界范围在本书第一章已有描述，此处不赘述。研究使用ArcGIS软件对2002年、2010年、2016年西安绕城高速以内的城市空间的Landsat影像进行解译、分类和数据提取分析，识别出绿地空间，得到tiff栅格图像。之后将定义好的tiff栅格图像导入FRAGSTATS，选取所需的指数并设置相应的参数，获取分析所用的主要数据。另外，本节也将对所选指数的计算方法及生态学意义进行简要描述。

1. 数据来源

本书数据以中国科学院计算机网络信息中心空间数据云提供的Landsat系列2002、2010、2016TM，ETM数据为基础，均从美国USGS网站免费获取。图像轨道号P127R36，选择夏季无云或少云覆盖图像，图像清晰，包括六个波段（选择覆盖可见光和近红外线1~5，7波段），空间分辨率为30m。对图像进行系统辐射校正和地面控制点几何校正，再通过DEM执行地形校正。选定的投影坐标系为WGS_1984_UTM_Zone_50N。根据中国土地利用分类体系和西安市土地利用特点，西安城市空间可分为六种景观类型：耕地、建设用地、水域、林地、草地和未利用地。ENVI软件将监督和无监督分类相结合，进行人机交互解释分类遥感图像。西安市2002年、2010年和2016年三个时相的影像数据集来源见表3-1。

混合光谱 Landsat 影像数据集（空间分辨率：30m，来源：USGS） 表 3-1

数据	时间	总体精度	Kappa系数
Landsat 5	06/15/2000	92.13%	0.966 7
Landsat 5	06/25/2010	93.21%	0.978 1
Landsat 5	06/14/2016	93.15%	0.956 4

2. 所选指数的计算方法

在斑块类型水平上，选取以下7个指数（PLAND、NP、CA、PD、LSI、LPI和AI）进行分析。其中，斑块类型所占面积比例（PLAND）反映了绿地的变化过程，斑块个数（NP）与斑块类型面积（CA）反映了绿地空间规模，这3个指标为评价绿地空间的基础指标。斑块密度（PD）可反映绿地空间的破碎度或聚集度，斑块形状指数（LSI）反映了景观生态系统整体结构的复杂性，斑块聚合度指数（AI）更进一步考察斑块的聚集程度，最大斑块指数（LPI）可研究绿地空间发展的方向和强弱。一般而言，在比较不同景观或同一景观在不同时间的格局时，一定要注意所选用景观指数的影响因子以及景观数据的特征。在以往的研究中发现，比较不同景观斑块连接度或破碎化程度时，聚集度指数容易导致错误结论，但斑块密度不会有这一问题。因此，本文将综合考虑两类指数进行分析，以斑块密度指数为主。下面就对这7个景观指数的数学表达式及其生态学含义做简要介绍。

（1）斑块类型所占面积比例（PLAND）

$$PLAND = \frac{\sum A_i}{A}$$

公式描述：某一斑块类型的总面积占整个景观面积的百分比。单位：%，范围：$0 < PLAND \leqslant 100$。

生态学意义：PLAND度量的是景观的组成成分，其在斑块级别上与斑块相似度指标（LSIM）的意义相同。由于它计算的是某一斑块类型占整个景观面积的相对比例，因此，可确定优势景观或某一类斑块生物的多样性、优势种和数量等。PLAND计算城市不同属性用地占总用地面积的比例，决定城市主要功能和性质，衡量土地多样性，是土地平衡的关键数据。

（2）斑块个数（NP）

$$NP = N$$

公式描述：类型级别上等于景观中某一斑块类型的斑块总个数；景观级别上等于景观中所有的斑块总数。单位：无，取值范围：$NP \geqslant 1$，无上限。

生态学意义：NP反映景观的空间格局，经常被用来描述整个景观的异质性，其值的大小与景观的破碎度（SPLIT）也有很好的正相关性，一般规律是NP大，破碎度高；NP小，破碎度低。这个指数用来描述城市某属性用地的个数，其数量与分布衡量土地利用合理性，同时也影响人类的活动行为及城市的经济与社会格局。

（3）斑块类型面积（CA）

$$CA = \sum A_i$$

公式描述：某斑块类型的总面积。单位：hm^2，范围：$CA > 0$。

生态学意义：CA度量的是景观的组成面积，也是计算其他指标的基础。可以通过了解斑块面积来限制斑块大小的合理区间。城市布局意义为每一类用地的总面积，面积大小决定城市空间格局，也是衡量用地平衡的重要指标。除此之外，所需要的斑块最小面积和最佳面积也是极其重要的两个数据，影响着城市空间的生态质量。

（4）斑块密度（PD）

$$PD = \frac{N}{A}$$

公式描述：每平方千米（即$100hm^2$）的斑块数。单位：个/km^2，取值范围：$PD > 0$，无上限。

生态学意义：PD是表示土地利用类型密度，是反映每一种土地利用类型分布的破碎程度的重要指标。这个指数可以更为客观地考量研究区域内斑块分布的空间属性，反映遗址空间周边区域的空间异质性。

（5）斑块形状指数（LSI）

$$LSI = \frac{0.25E}{\sqrt{A}}$$

公式描述：用来表示整体景观的不规则程度。单位：%，范围：$LSI \geqslant 0$，无上限。

生态学意义：LSI用来表示一定尺度上斑块和景观复杂程度的定量指标，反映了景观的形状变化，其值越大表示形状越复杂。斑块形状指数在描述斑块和斑块的空间格局方面，与斑块的分维数一样具有明确的生态学意义。

（6）最大斑块指数（LPI）

$$LPI = \frac{\max(a_1, \cdots, a_n)}{A}(100)$$

公式描述：LPI等于某一斑块类型中的最大斑块占据整个景观面积的比例。单位：%，范围：$0 < LPI \leqslant 100$

生态学意义：LPI有助于确定景观的优势类型等。其值的大小决定着景观中的优势种、内部种的丰度等生态特征；其值的变化可以改变干扰的强度和频率，反映人类活动的方向和强弱。在城市空间分析中，可确定城市研究区域的主要属性和职能。准确把握 LPI 的变化，能够预测区域发展动态的方向及速率，帮助及时发现土地利用的趋势和问题。

（7）斑块聚合度指数（AI）

$$AI = 2\ln n + \sum_{i=1}^{n}\sum_{j=1}^{n} P_{ij}\ln P_{ij}$$

公式描述：AI基于同类型斑块像元间公共边界长度来计算。当某类型中所有像元间不存在公共边界时，该类型的聚合程度最低；而当类型中所有像元间存在的公共边界达到最大值时，具有最大的聚合指数。单位：无，范围：$0 < AI \leqslant 100$。

生态学意义：AI检查了每种景观类型的斑块之间的连通性，反映了景观中不同斑块类型的非随机性和聚集程度，值越小，景观越离散。与斑块个数和斑块密度这两个指标一起，可以综合考虑绿地的分布特性。

在景观水平上，本书选取以下4个指数（SHDI、SHAPE_AM、FRAC_AM和SPLIT）进行分析。多样性指数（SHDI）反映景观各斑块类型的复杂性与变异性；面积加权平均形状指数（SHAPE_AM）和面积加权平均分维数（FRAC_AM）则主要研究景观斑块在城市空间中分布的总体特性的分布规律；景观破碎度（SPLIT）则主要反映人类活动对于景观的破坏影响。

分维数（fractal dimension）可以理解为不规则几何形状的非整数维数，而这些不规则的非欧几里得几何形状可通称为分形（fractal）。自然界的许多物体，包括各种斑块和景观，都具有明显的分形特征。自空间指数提出以来，分维方法已被广泛应用于空间格局分析的研究之中。因此，本书也将采用面积加权平均分维数（FRAC_AM），运用分维理论来考量斑块和景观的空间形状复杂性。

下面就对这4个景观指数的数学表达式及其生态学含义做简要介绍。

（1）Shannon多样性指数（SHDI）

$$SHDI = -\sum_{i=1}^{n} [P_i\ln(P_i)]$$

公式描述：SHDI在景观级别上等于各斑块类型的面积比乘以其值的自然对数之后的和的负值。SHDI＝0表明整个景观仅由一个斑块组成；SHDI增大，说明斑块类型增加或各斑块类型在景观中呈均衡化趋势分布。单位：无，范围：$SHDI \geqslant 0$。

生态学意义：SHDI是一种基于信息理论的测量指数，在生态学中应用很广泛。该指标能反映景观异质性，特别对景观中各斑块类型非均衡分布状况较为敏感，即强调稀有斑块类型对信息的贡献，这也是SHDI与其他多样性指数的不同之处。在比较和分析不同景观或同一景观不同时期的多样性与异质性变化时，SHDI也是一个敏感指标。SHDI也可评价城市空间格局的综合性以及土地利用的多样性。多样性越高，土地利用空间格局趋于稳定性，抗干扰能力越强。

（2）面积加权平均形状指数（SHAPE_AM）

$$SHAPE\_AM = \sum_{i=1}^{m}\sum_{j=1}^{n}\left[\left(\frac{0.25P_{ij}}{\sqrt{a_{ij}}}\right)\left(\frac{a_{ij}}{A}\right)\right]$$

公式描述：SHAPE_AM在斑块级别上等于某斑块类型中各个斑块的周长与面积比乘以各自的面积权重之后的和；在景观级别上等于各斑块类型的平均形状因子乘以类型斑块面积占景观面积的权重之后的和。其中系数0.25是由栅格的基本形状为正方形的定义确定的。公式表明面积大的斑块比面积小的斑块具有更大的权重。当SHAPE_AM＝1时说明所有的斑块形状为最简单的方形；当SHAPE_AM值增大时说明斑块形状变得更复杂，更不规则。单位：%，范围：$0 < SHAPE\_AM \leqslant 100$。

生态学意义：SHAPE_AM是度量景观空间格局复杂性的重要指标之一，并对许多生态过程都有影响。自然斑块或自然景观的形状分析有一个很显著的生态意义，即常说的边缘效应。作为城市参考，SHAPE_AM形状越不规律，则该地块的用地属性越综合，土地集约化越高。

（3）面积加权平均分维数（FRAC_AM）

$$FRAC\_AM = \sum_{i=1}^{m}\sum_{j=1}^{n}\left[\left(\frac{2\ln(0.25P_{ij})}{\ln(a_{ij})}\right)\left(\frac{a_{ij}}{A}\right)\right]$$

公式描述：FRAC_AM的公式形式与SHAPE_AM相似，不同的是其运用了分维理论来测量斑块和景观的空间形状复杂性。FRAC_AM＝1代表形状最简单的正方形或圆形，FRAC_AM＝2代表周长最复杂的斑块类型，通常其值的可能上限为1.5。单位：无，范围：$1 \leqslant FRAC\_AM \leqslant 2$。

生态学意义：FRAC_AM是反映景观格局总体特征的重要指标，它在一定程度上也反映了人类活动对景观格局的影响。一般来说，受人类活动干扰小的自然景观的分维数值高，而受人类活动影响大的人为景观的分维数值低。

（4）景观斑块破碎度指数（SPLIT）

$$SPLIT = C = \frac{N}{A}$$

公式描述：每平方千米（即100 hm²）的斑块数。单位：个/km²，取值范围：$SPLIT > 0$，无上限。

生态学意义：SPLIT反映景观空间结构的复杂性，在一定程度上反映了人类对景观的干扰程度，进而反映出人类对自然生态系统的影响。它是由自然或人为干扰所导致的景观由单一、均质和连续的整体趋向于复杂、异质和不连续的斑块镶嵌体的过程。一般来说，破碎度越大，人类对生态系统的影响越大。

本书景观格局指数的计算将Tiff格式景观空间分类图像栅格文件导入

FRAGSTATS 4.2软件中，选取景观水平的4个指数和斑块水平的7个指数，运行计算后在Excel中打开进行统计分析，得出上述11个指数的计算结果。

3.3 空间效率及其因子

选择度（Choice）是空间句法的基本变量，同时是一个拓扑学的概念。对一个由有限元素（点、线段、空间等）构成的系统中的元素之一p来说：以除元素p外的任意元素为起点和终点会形成最短的拓扑路径，此条件下形成的所有拓扑路径经过元素p的次数之和为元素p的选择度，即Choice（p）；若以最小转角为标准定义最短路径，则所有拓扑路径经过元素p的次数之和为元素p的角度选择度，即Angular Choice（p）。

在一个城市空间系统中，一条街道被穿越的次数可以被Choice表达，Choice值高的区域，意味着该区域被人们穿过的次数越多。如果站在一个Choice值高的区域来观察，就会发现这里被访问的人次相对Choice值低的区域要更频繁。城市中往来的人流、车流均可以视为是城市的能量流，城市的不同区域通过这些流进行信息、经济等方面的交换。一个区域获得的来访次数繁多，意味着这里有更多的流到达，我们可以将其视为空间的收益。

与空间收益相对的是所消耗的资本，也就是能量流进入该空间所需要耗费的成本。在空间句法中，用以描述空间深度的Total Depth可以用来体现这种消耗。Total Depth表示空间系统中其他空间要到达目标空间的总拓扑步数，意味着访问该空间的难易程度。Total Depth越高，则说明要到达此空间的转折越多，到达过程中消耗的能量越多。因此，Total Depth与Choice恰好各自反映了一个空间的"消耗"与"收入"。

要衡量一个空间区域在整个城市系统中处于"高效"的状态，还是"低效"的状态，就需要考察到达该区域的"消耗"与该区域的"收入"。假设一个空间的Choice值较高，而Total Depth值较低，则说明该空间经常被访问，且访问该空间所耗费的能量很少，我们就说这个空间的空间效率是高的。因此，空间效率的计算公式为Angular Choice/ Angular Total Depth。

同时，从选择度的衡量对象来看，选择度表达的是一种可能性。显然，选择度与系统中元素的个数成正相关，这影响了选择度对可能性的表达，也无法通过选择度的高低来比较不同空间个数的空间区域。修正选择度对可能性表达的过程称为选择度的标准化。而Total Depth恰好表现了空间的个数，因此Angular Choice/ Angular Total Depth的计算结果排除了空间个数的干扰，可以用来对不同个数的空间区域进行比较。通常，城市空间中的现象并没有计算数值的差异那么巨大，为了进一步让计算数值更好地体现空间现象，经过实验，人们将该公式进一步完善为：

$$\text{Normalized Angular Choice } (p) \text{ within } (r)$$
$$= \frac{\log[\text{Angular Choice } (p) \text{ within } (r) + 1]}{\log[\text{Total Angular Choice } (p) \text{ within } (r) + 3]}$$

并将此计算数值称为NACH。NACH是本文用以评测空间效率这一指标的一个因子。

整合度、选择度都包含"全局"和"局部"两种半径下的数值，因此NACH也同样存在不同半径下的数值。"全局"半径是指半径$r=n$，也就是当半径无限放大时计算出的相应数值。这一数值是从某一个空间单元出发，考虑给定片区内所有空间与其搞关系后的计算结果。而"局部"中的半径r被限定了一个数字，在本研究中的r设定为5 000、10 000、n（米制半径下）。意思为该"局部"值是从某一个空间单元出发，只考虑米制半径在5 000、10 000和全局以内的空间与其关系后的计算结果。"全局"值善于表达某空间单元在整个系统中的作用和属性，而"局部"值更侧重于表现某个空间单元在小范围内的作用和属性。之所以设定局部半径r为5 000、10 000，是因为笔者在以往的研究中发现，这三个数值能较为准确地反映该空间在非机动车尺度、机动车尺度下的出行现象，因此设定其为范围半径。

3.4 社区吸引力及其因子

社区意识是指社区成员的归属感、对彼此之间重要关系的感知、对社区重要意义的感知，以及通过群体义务满足成员需要的共同信念。这包括四个方面：一是成员意识，即指社区中的一员感受到自己已成为一个成员并且具有归属的权利；二是影响，即社区中的成员对社区影响力的感知，这种感知往往是双方面的，即个体成员可以对社区造成影响，同时社区也会对个体成员造成影响；三是需要的整合与实现，这是说群体中成员的需要将通过群体所共同拥有的资源而得到满足，从而产生强化（即一种行为上的激励因素，通过这样的"奖赏"，群体的凝聚意识将得到增强）；四是共同的情感联系，社区成员具有共同或相似的重要事件与交往经历，因而可以产生共同的义务感和信念。

目前对社区意识的理解有两种倾向：情感性与地域性。这二者是不可分割的，社区意识是人们共同的精神生活和在此基础上形成的共同的精神纽带，是一种共享的心理认同。因而社区意识作为一种群体的心理建构、人类成员的共同经历和互动，体现着重要的心理活动规律，因此群体中成员的行为存在着一定程度上的一致性。

如果将社区意识的形成因素中与空间无关的因素剥离出去，仅仅考察其所需要的空间条件，那么就会发现形成社区意识的空间需要拥有一定的空间吸引力，而空间吸引力又可以分为目标性吸引和无意识吸引。前者意味着该空间在城市生活中扮演着重要的功能角色，人们在日常生活中出于使用需求，必不可少地需要到达该空间，那么其空间属性中一定具备着吸引交通和易于到达的特性。后者意味着该空间未必在功能上有什么特别之处，但是却被群体人下意识地选择到达或者经过，这种方式的吸引取决于该空间被无意识使用的次数，它在空间系统中往往属于途径点而非目的地。我们可以将此两类空间定义为"吸引点"与"过程的中心性"。

3.4.1 吸引点

在城市发展的过程中，随着城市街道网络结构的形成与生长，逐渐会形成人群聚集的地点。这一方面是由于人群行为的聚集性与抱团意识，即人们往往会被自己已形成或可能形成的社交圈直接或间接影响其行为特征，并逐渐形成一定的行为规律；另一方面是由于城市空间自身的条件能够为人群的相关聚集行为提供适宜的场所。这样一种城市空间的能力我们可以通过整合度（Integration）来衡量。整合度是一个关于全局深度的函数，它与全局深度的倒数正相关。整合度值越低的空间，全局深度越高，其可达性越差；整合度值越高的空间，全局深度越低，其可达性越高。整合度衡量了一个空间吸引到达交通的潜力。对于城市街道网络结构中整合度数值较高的地点，我们将其称为吸引点。吸引点是城市中对其周边乃至城市范围内的人群会产生聚集行为的空间。

整合度Integration是用以描述空间吸引力的一个因子。

3.4.2 过程的中心性

作为过程的中心性是空间句法理论中关于城市中心的形成机制的另一项基本概念。城市中心点的形成有以下几个特征：首先是吸引点的非对称性，这在具体的城市空间中体现为城市或城镇的中心与次中心的模式，从较大的局部中心到较少的社区中心，前者可以是热闹非凡的城市主要中心区，后者可以是小店铺和其他公共设施的聚集区。其次是组构的非均等性，这是指一组空间的各自整合程度不同，从而通过出行经济的机制，形成了中心和次中心。

作为过程的中心性认为，城市中心的形成源于长期的历史演变，是一个伴随着城市中心的选址与形成而逐渐生长、成熟的长期过程。这一过程使得城市街道网络的组构可以影响城市交通的模式，从而进一步影响城市用地的分布，形成热闹的地区与安静的地区，构成用地的选择过程，而根据整个城市空间结构的关系，这些地区形成吸引点，即在城市中形成中心、次中心、社区中心等空间。这一过程，一方面是适应城市整体空间结构的良好组构，另一方面是适应局部网络的情况，开启中心的演变。在这一演变的过程中，常常伴随较小街坊网络的形成，使局部街道网络更为密集，可达性更高，出行效率也进一步提高。

选择度可以衡量一个空间被交通流穿越的潜力。在同一系统中，一个空间被穿越概率越高，那么其被到达的概率也越高。而被群体人频繁穿越的空间势必成为物质、信息交换的平台，也进一步意味着会形成某种中心空间。但与聚集点不同的是，这类中心空间有着极大的随意性和非目标性，它更多地体现了一种下意识的自然选择，而非目的明确的行为意志。因此，过程中心性的计算因子为选择度（Choice）。

3.4.3 社区吸引力的计算

通过Depthmap软件，我们可以计算出每个空间的整合度（Integration）与选择度（Choice），也可以进一步计算城市空间系统与遗址片区空间系统的整合度（Integration）与选择度（Choice）平均值，通过对二者进行直接比较可以看出不同空间系统产生吸引点和过程中心性的难易程度。为了进一步考察空间系统对于社区意识形成所具备的潜力，将整合度（Integration）与选择度（Choice）相乘来计算社区吸引力数值。

即：社区吸引力＝整合度（Integration）× 选择度（Choice）。

对于社区吸引力的考察，包括静态分析和动态分析，前者是同一年中三个遗址片区和西安市城市空间系统的横向比较；后一部分是在时间跨度上对四个空间系统分别进行变化趋势与变化幅度的纵向比较。

4.1 空间形态与功能的关系

城市形态是城市整体的物质形态和文化内涵双方面的特征及其演变过程的综合表现，是自然、社会、经济因素综合作用于城市的一种空间结果。城市空间形态一般包括物质空间形态和非物质空间形态，本书主要偏重于物质空间形态，包括城市道路结构、地块空间关系等。城市空间形态在某一发展阶段，空间形态表现为静态形式；但在较长的时间内，它表现为一系列动态的演化过程。城市形态的演变是一个延续进化的动态过程，功能与形态的相互适应机制是城市形态演变的主要原因。

近些年来，随着互联网技术的普及与迅猛发展，城市海量数据的获取变得更加简单易行，因此，逐渐应用于城市空间结构、社会关系动态、城市地理空间信息等相关研究领域，并取得了大量的研究成果。其中，被广泛应用的用户兴趣点（POI）数据是用于描述城市空间中工业、商业、服务和生态等城市功能分布的重要信息来源。POI数据在初期仅用于导航和地图位置查询等功能，但随着数据的不断积累和地图精度的提高，POI数据所包含的丰富的城市空间信息，受到了地理、经济、医学、城市规划、建筑学等诸多学科领域的关注。

在城市研究方面，龙瀛等学者提出了结合道路网络和POI分类的地块识别方法，进而给出了城市区域识别方法和基于POI的人口数据空间化和合成方法；杨滔在百度的道路网和POI大数据基础上研究了北京城市空间形态构成和城市功能特征。基于以上研究可以发现，POI数据与空间属性值的分析能在一定程度上揭示城市空间形态与功能的关系。本书中选取西安市2010年、2016年的POI数据和2002年、2010年、2016年的城市道路网空间属性值进行分析，前者代表空间功能，后者代表空间形态，通过对两者的分析，研究遗址空间开发利用过程中城市空间形态与功能的演化过程。

4.2 空间功能静态对比

4.2.1 2010年POI功能数据描述

2010 年西安市与三大遗址片区 POI 数量统计　　　　　　　　　表 4-1

POI大类	生活类							
POI类别	生活服务	休闲娱乐	丽人	教育	汽车服务	医疗	运动健身	房地产
主城区	15 958	8 474	6 995	9 294	7 501	5 762	2 234	12 728
曲江	360	109	112	105	56	74	56	293
大明宫	403	123	145	117	68	82	19	275
汉城	311	89	91	111	313	111	17	188

POI大类	生活旅游共有类			旅游类		公司企业类	
POI类别	购物	美食	交通设施	旅游景点	宾馆	公司企业	金融
主城区	47 063	34 753	11 766	1 581	12 298	29 306	5 150
曲江	558	737	277	186	128	292	127
大明宫	725	564	192	164	203	510	62
汉城	1 154	556	154	21	244	516	39

　　2010年，西安市POI数量总计为210 863个。由于遗址片区开发主要以旅游产业和文化产业为导向，为了研究遗址片区旅游功能在开发过程中的发展变化，将原有的15小类的POI功能划分为4大类功能：第一，生活及旅游共有类POI，包含原来的购物、美食、交通设施；第二，纯生活类POI，包含原先与居民生活息息相关的生活服务、房地产、教育、休闲娱乐、丽人、汽车服务、医疗、运动健身的8种；第三，纯旅游类POI，包含宾馆及旅游景点2种；第四，公司企业类POI，包含原来的公司企业、金融2种。从表4-1可以统计出，生活及旅游共有类POI兴趣点数量为93 582个，占总量的44%；生活类功能共计68 946个，占比为33%；旅游类功能共13 879个，占比为7%；公司企业类功能共34 456个，占比为16%（图4-1）。可以看出在西安主城区范围内，旅游类功能总体占比较少，生活类功能占比较大，与城市结构相符。

　　将15类POI功能排序（图4-2）可以看出，购物、美食类功能数量最多，分别为47 063个和34 753个；接下来是公司企业，共有29 306个；数量最少的3类功能分别为金融、运动健身、旅游景点。可以看出城市总体商业活动占主导，购物、美食等面向本地居民和游客的占比最大，相比其他功能，旅游景点数量较少，但排名第六的宾馆能在一定程度上补充，反映出西安市旅游产业仍占一定优势。

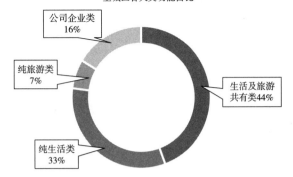

主城区各大类功能占比

公司企业类 16%

纯旅游类 7%

生活及旅游共有类44%

纯生活类 33%

图 4-1 2010 年西安市主城区大类功能占比图

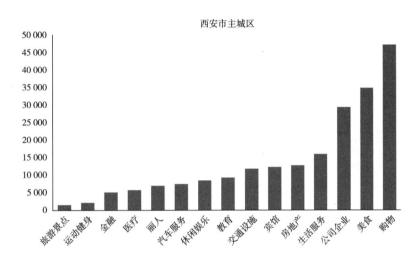

西安市主城区

图 4-2 2010 年西安市主城区各类功能兴趣点数量图

曲江遗址片区开发较早，2010年各项功能发展均初具规模，POI数量总计达3 470个。除公司企业外，其他三大类功能占比相比西安市主城区均高出1% ~ 2%，其中旅游功能高于主城区最多，占比为9%（图4-3）。由于在开发中，曲江池遗址、大唐芙蓉园遗址和唐城墙遗址公园的逐渐建成，原有公司企业多迁出该区域，而围绕大雁塔周边的商圈逐渐建立，大唐不夜城等旅游产业区也随之发展起来，曲江遗址片区向以旅游和高端商业住宅区的城市区定位发展，导致片区内生活类、旅游类功能均高于城市主城区。

具体到各小类功能（图4-4），2010年曲江遗址片区内美食、购物类POI功能数量最多，分别为737个和558个。与主城区相比，美食类功能占比更大，这是由于曲江遗址片区中旅游景点多且分散，配套餐饮数量较多，同时加之大雁塔商圈为城市级商圈，综合体繁多，因此美食类功能数量高于购物数量。旅游景点和宾馆功能分别排名第七、第八，与主城区相比，旅游景点增加而宾馆数量减少，宾馆使用群体不仅仅限于游客，因此仅能在一定程度上反映旅游功能发展情况，旅游景点的数量可以说明曲江遗址片区旅游功能发展较为成熟。另外，该片区中房

曲江遗址片区各功能占比

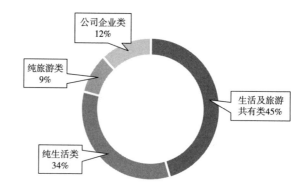

公司企业类
12%

纯旅游类
9%

生活及旅游
共有类45%

纯生活类
34%

图4-3 2010年曲江遗址片区大类功能占比图

曲江遗址片区

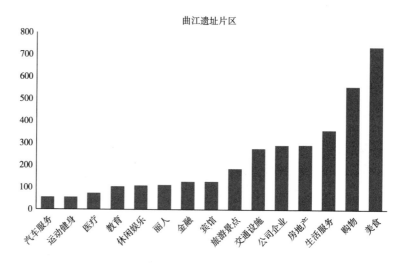

图4-4 2010年曲江遗址片区各类功能兴趣点数量图

地产功能相对主城区比重也有所提升，说明旅游文化产业的发展拉动了区域内房地产业的发展。

大明宫遗址片区POI数量共计3 652个，对各大类功能统计可以看出（图4-5），相比主城区生活和旅游共有类功能比重有所下降，而生活类功能、旅游类功能有所上升，尤其是旅游类功能比重均高于主城区和曲江遗址片区，说明2010年大明宫遗址片区旅游功能已发展较好，景点开发已基本完善。结合各小类功能具体数量（图4-6）可以得知，生活和旅游共有类功能中购物与美食功能总数量与曲江片区基本持平，而交通设施明显低于曲江片区，说明遗址周边的城市区域基础交通设施还未完善，相较同期曲江片区有所欠缺。在小类功能排序中，旅游景点较少而宾馆较多，这是由于大明宫与曲江遗址片区遗址属性不同，该片区遗址较为完整集中，因此数量相对较少。房地产和宾馆数量较多说明周边住宅区建设较快，城市内遗址区的开发建设一定程度上拉动了周边房地产业的发展。同时，在表4-1中注意到，大明宫遗址片区的公司企业数量远高于曲江片区，而金融类功能低于曲江片区，说明该区域非金融类商务办公发展较好。大明宫地区保护与改

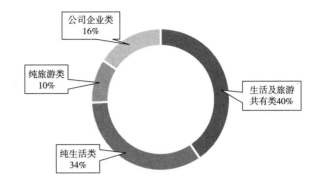

大明宫遗址片区各功能占比

公司企业类 16%

纯旅游类 10%

生活及旅游共有类 40%

纯生活类 34%

图 4-5 2010年大明宫遗址片区大类功能占比图

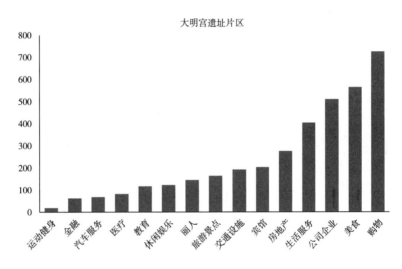

大明宫遗址片区

图 4-6 2010年大明宫遗址片区各类功能兴趣点数量图

造的功能定位为西安市旅游商贸次中心、城北地区文化中心、居住核心区，POI功能数量反映出该区域开发过程基本与其定位相符。

汉城遗址片区开发较晚，POI兴趣点共有3 915个，其面积远大于其他两个遗址片区，而兴趣点数量相差不大，与其距离城市中心较远、建设密度相对较低有关。从各大类功能统计可以看出（图4-7），与主城区相比，生活和旅游共有类功能远高于主城区，而生活类功能、公司企业类功能占比偏低，旅游类功能与主城区持平。具体到各类功能（图4-8），2010年汉城遗址片区购物功能远高于其他功能，兴趣点数量为1 154个，美食功能排第二，与大明宫基本相同。旅游景点仅有21个，这与汉城区域遗址面积较大有关，同时在该阶段未对景点进行整体规划，大部分遗址还处于较为原始的保护状态，因此，虽然遗址片区面积较大，但景点数量较少。房地产数量排名第七，兴趣点数量为188个，低于其他两个遗址区，汉城遗址区在面积上是另两个遗址区2倍左右的情况下数量如此之少，可以看出汉城片区城市化程度低，遗址开发建设晚，对周边城市区域的功能影响远小于大明宫和曲江遗址片区。

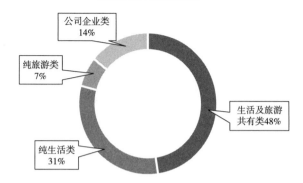

图 4-7 2010 年汉城遗址
片区大类功能占比图

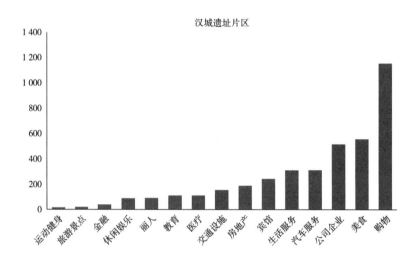

图 4-8 2010 年汉城遗址
片区各类功能兴趣点数量图

4.2.2 2016年POI功能数据描述

1. 西安市与三大遗址片区数据描述

　　2016年西安市POI数量总计为197 911个,对2016年的POI功能数据统计并分类,从表4-2可以看出,在西安主城区范围内,与生活和旅游关系均很紧密的购物、美食、交通设施三大类属性的兴趣点数量总和为84 976个,占比43%,稳居第一;其次为与居民生活息息相关的生活服务、房地产、教育、休闲娱乐、丽人、汽车服务、医疗、运动健身8大类属性的兴趣点数量总和为63 941个,占比32%;公司企业、金融兴趣点数量总和为34 303个,占比17%;与旅游相关的宾馆及旅游景点兴趣点数量总和为14 691个,占比8%(图4-9)。从市域范围来看,购物、美食这类面向本地居民和游客的功能数量占了较大比重,虽然每类数量较少,但生活类功能种类繁多,而纯旅游类功能则占比最少。

西安市大遗址保护对城市空间影响的量化分析

POI大类	生活类							
POI类别	生活服务	休闲娱乐	丽人	教育	汽车服务	医疗	运动健身	房地产
主城区	15 569	8 133	6 830	8 926	6 431	5 939	2 292	9 821
曲江	349	108	120	90	42	78	45	219
大明宫	369	117	124	106	61	85	30	232
汉城	263	81	59	86	260	118	12	98

POI大类	生活旅游共有类			旅游类		公司企业类	
POI类别	购物	美食	交通设施	旅游景点	宾馆	公司企业	金融
主城区	41 901	33 567	9 508	1 519	13 172	28 433	5 870
曲江	643	766	177	224	118	281	152
大明宫	875	587	195	192	231	449	67
汉城	593	399	158	18	301	355	48

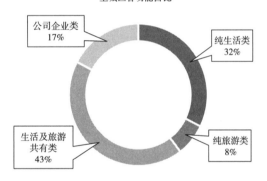

主城区各功能占比

公司企业类 17%
纯生活类 32%
生活及旅游共有类 43%
纯旅游类 8%

图 4-9 2016 年西安市主城区大类功能占比图

　　具体到各类POI功能时，购物兴趣点数量最多，为41 901个；其次为美食功能，有33 567个；公司企业紧随其后，为28 433个；旅游景点和运动健身的兴趣点数量最低，其中旅游景点最低，仅有1 519个，运动健身有2 292个，其他功能数量相差不大（图4-10）。不同类型兴趣点数量反映出西安市整体发展旅游和本地居民生活并重，旅游类占比虽少，但由宾馆功能POI数量可知，旅游功能占据一定地位。

　　如图4-11所示，开发最早的曲江遗址片区兴趣点数量总和为3 412个，其中，旅游类兴趣点数量总和为342个，占比10%；生活及旅游共有类兴趣点数量总和为1 586个，占比46%；生活类兴趣点数量总和为1 051个，占比31%；公司企业类兴趣点数量总和为433个，占比13%。相比同期西安市各大类功能数量，曲江遗

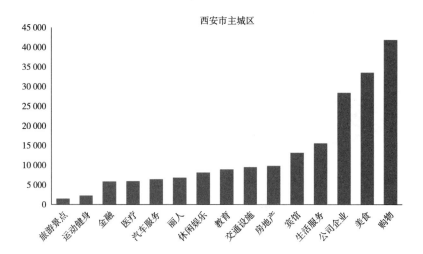

图 4-10　2016 年西安市主城区各类功能兴趣点数量图

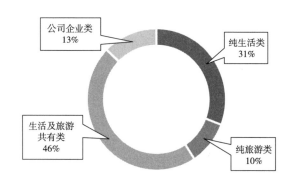

图 4-11　2016 年曲江遗址片区大类功能占比图

址片区旅游类数量占比增加，生活类及公司企业类数量有所减少，这与曲江以文化产业和旅游产业为主导的城市发展目标相符，也说明曲江遗址片区的建设获得了一定成效。

　　一般而言，城市区域以居住及相关服务为主，而曲江文化遗址研究区开发之后偏向旅游休闲功能。具体到各类POI功能，美食、购物两大功能仍占据主导，其中美食兴趣点数量最多，为766个，其次为购物，有643个。旅游景点兴趣点数量排名为第五，远高于其他区域，与上述的发展目标一致。但与主城区不同的是，宾馆数量小于旅游景点数量，说明该区域以旅游景区为主导，但配套旅游设施如宾馆等分布于周边或其他区域。房地产产业发展良好，兴趣点数量排名为第六。汽车服务和运动健身的兴趣点数量最低，其中汽车服务仅有42个，运动健身45个（图4-12）。

　　如图4-13所示，大明宫遗址片区兴趣点数量总和为3 720个，其中，旅游类兴趣点数量总和为423个，占比11%，高于主城区以及曲江遗址片区的占比；生活

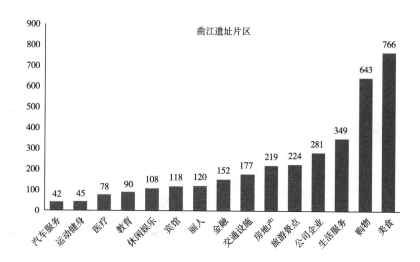

图 4-12　2016 年曲江遗址片区各类功能兴趣点数量图

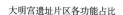

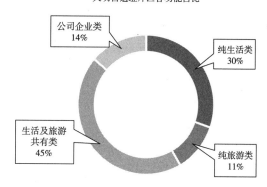

图 4-13　2016 年大明宫遗址片区大类功能占比图

及旅游共有类兴趣点数量总和为1 657，占比45%，也高于主城区；生活类兴趣点数量总和为1 124个，占比30%，与主城区相差不大；公司企业类兴趣点数量总和为516个，占比14%，明显低于主城区平均水平。与同期西安市主城区各大类功能占比相比，旅游类和生活旅游共有类功能明显较高，说明该区域同曲江遗址片区相似，以旅游功能为主。

　　大明宫遗址片区旅游景点的兴趣点数量排名位于第八位，仅次于曲江遗址片区。房地产产业发展良好，兴趣点数量排名为第五。该片区也是美食与购物的兴趣点数量远高于其他，其中购物兴趣点数量最多，为875个，其次为购物，有587个。汽车服务和运动健身的兴趣点数量最低，其中汽车服务仅有61个，运动健身30个（图4-14）。旅游类功能中宾馆数量大于旅游景点数量，说明该区域内部旅游配套相对完善，这也与大明宫遗址片区遗址较为完整、周边房地产业较发达有关。

　　如图4-15所示，汉城遗址片区兴趣点总计为2 849个，虽然遗址片区面积较

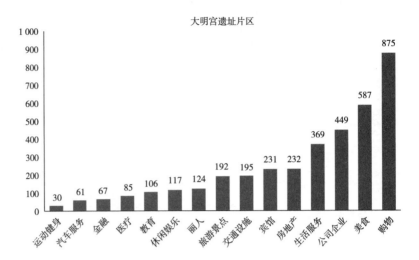

大明宫遗址片区

图 4-14　2016 年大明宫
遗址片区各类功能兴趣点
数量图

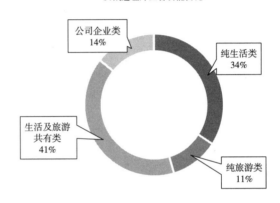

汉城遗址片区各功能占比

公司企业类 14%

纯生活类 34%

生活及旅游共有类 41%

纯旅游类 11%

图 4-15　2016 年汉城遗
址片区大类功能占比图

大，但由于远离主城区，城市活力明显低于其他两个遗址片区，因此兴趣点数量较少。其中，旅游类兴趣点数量总和为319个，占比11%，高于主城区及曲江遗址片区的占比；生活及旅游共有类兴趣点数量总和为1 150个，占比41%，低于主城区；生活类兴趣点数量总和为977个，占比34%，高于主城区；公司企业类兴趣点数量总和为403个，占比14%，明显低于主城区平均水平。旅游类和生活类功能数量高于主城区，说明该区域旅游产业较为发达，但相比大明宫和曲江遗址片区，旅游类功能还相对较弱。

开发最晚的汉城遗址片区购物的兴趣点数量远远高于其他属性，其中购物兴趣点数量最多，为593个。运动健身和旅游景点的兴趣点数量最低，其中运动健身仅有12个，旅游景点仅18个，与主城区一致，并未形成明显的旅游圈。房地产产业发展明显不足，兴趣点数量排名仅为第九。宾馆数量较多，但和旅游景点数量不成比例，说明宾馆并非主要服务于旅游产业，片区内遗址景点仍有待进一步开发（图4-16）。

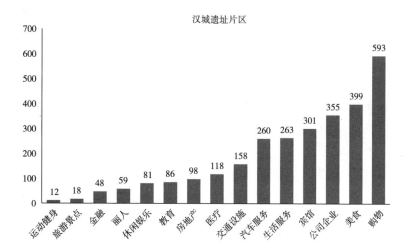

图 4-16 2016 年汉城遗址片区各类功能兴趣点数量图

2. 西安市与三大遗址片区横向比较

将三大遗址片区的各类POI数量相对比（图4-17），可以看出，虽然购物、美食两大功能在各区域均占主导，但曲江遗址片区的美食功能、大明宫遗址片区的购物功能明显高于其他区域的同类功能，汉城遗址片区相比之下两类功能均处于劣势，商业活力较弱。同样地，在房地产功能中，汉城区域明显低于其他两大遗址片区，这三类功能反映出汉城遗址片区城市化程度较弱。旅游类功能中，汉城区域宾馆数量明显高于其他两个遗址片区，但旅游景点数量明显偏低，从地图上可以看出，该区域自然村较多，西三环、高速公路等穿过，宾馆多以中低端小型商务宾馆为主，数量多且分布集中，与旅游景区联系较弱，汉城区域并未形成成熟的旅游圈。相比之下，曲江区域旅游产业明显更为成熟，配套设施发展更为齐全，与曲江遗址片区开发时间长、开发模式成熟有关。大明宫遗址片区与曲江片区较为类似，但生活功能占据比重有所增加，这与所处城市片区及发展定位密切相关。

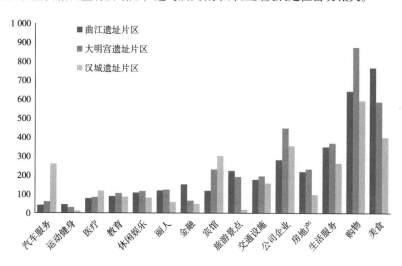

图 4-17 2016 年三大遗址区 POI 数量对比

4.3 空间功能动态对比

针对2010年、2016年各遗址区的空间功能数量进行动态分析，对不同类型功能数量上的变化初步分析后，发现其变化幅度存在差异。根据不同类型功能各个年份的变化百分比，我们将0～10%的数量变化作为基本保持不变，将10%～20%的变化作为小幅变化，将20%以上的功能变化作为大幅变化，对其变化幅度差异进行进一步分析。遗址研究区大部分功能与主城区表现出一致的变化幅度，说明这些功能受遗址区开发影响较小，在此不予深入分析。但仍有部分功能表现出相同的变化趋势、不同的变化幅度，说明遗址区的开发本身加速或削弱了城市发展进程的影响。本节将对西安市和三大遗址区空间功能的动态变化和变化幅度进行分析。

4.3.1 东南城角片区空间属性值与POI功能动态变化

由于西安市主城区范围过大，其中除了包含遗址片区，还包括一些特殊片区，如高新办公区、钟鼓楼商业区以及较多的开发区等，总体兴趣点数据不能准确地反映遗址片区对于城市空间功能变化的影响情况，在动态变化中不适宜直接用于和遗址片区的数据进行比较。因此本节选取了不包含大遗址区的东南城角片区作为对照组，东南城角片区南起南二环，北至长乐路，西起南大街，北至东二环，占地19.01平方千米。该区域与大明宫遗址片区、曲江遗址片区、汉城遗址片区的区位条件较为相似，但其中未发生大规模的遗址区开发活动，因此，可以选其作为对照组帮助排除城市自身发展对于遗址区功能变化产生的影响。

东南城角片区2010年与2016年各类型兴趣点数量变化幅度分析如图4-18所示，仅大部分功能的兴趣点数量有所增加，旅游景点、交通设施、购物、丽人、房地产、休闲娱乐六类功能兴趣点均处于负增长。其中，金融功能上涨最为明显，上涨了16%，属于小幅增长；旅游景点、交通设施两类功能下降幅度最为显著，分别下降了25%和20%，属于大幅下降；公司企业、美食、运动健身三类分别上升了13%、12%、10%，属于小幅上升。其他功能的变化范围保持在10%以内，基本保持不变。通过图4-19的变化总体情况可以看出，西安在2010年之后部分POI数量有较大下降，购物、房地产等主要功能也有很大缩减，房地产产业在2010年时形势较好，但在2016年时有所回冷，这也与周边部分住宅区建设成为公共设施有关。从西安主城区2010年与2016年各类型兴趣点数量变化对比，可以明显看出购物、房地产、交通设施的数量急剧减少，功能弱化。仅宾馆和金融的兴趣点数量上升明显，功能逐渐强化。

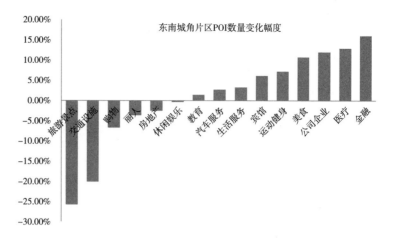

图 4-18 东南城角片区 POI
数量变化幅度

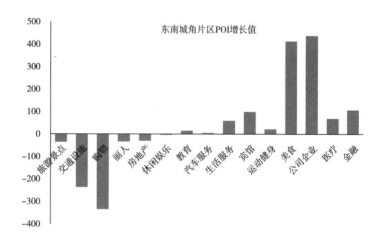

图 4-19 东南城角片区 POI
数量增长值

4.3.2 曲江遗址片区空间属性值与POI功能动态变化

随着曲江遗址片区的开发建设，对比2010年与2016年各类型兴趣点数量变化幅度，其中金融和旅游景点大幅度上涨20%，购物小幅度增加了15%。交通设施下降幅度最大，达到36%，汽车服务、运动健身、房地产的降幅也在20%以上，教育类小幅度减少了14%。其他类型占比变化不大。金融功能增长幅度较大，为25.8%，比对照区高出近10%，其中ATM机与银行的增长占比较大（图4-20）。曲江文化遗址研究区开发主要偏向旅游休闲，因此其配套设施尤其是银行、ATM机等的建设十分重要，4年内较大增长反映出曲江文化遗址研究区旅游配套设施的逐步完善。

再通过图4-21可对比出2010年与2016年各类型兴趣点数量变化，交通设施、房地产下降明显，功能弱化。购物、美食、旅游景点、金融等功能的兴趣点数量上升显著，功能强化。对比发现，交通设施功能数量减少，且变化幅度较大。交通设施功能进一步细分，主要包括公交站、地铁站、停车场等，遗址研究区内停

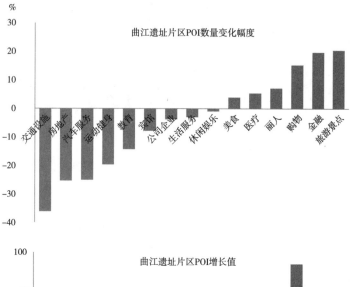

图 4-20　曲江遗址片区 POI 数量变化幅度

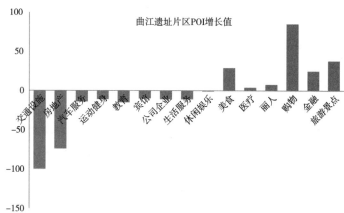

图 4-21　曲江遗址片区 POI 数量增长值

车场从274个减少到148个，而公交站和地铁站的总量从90个增加到96个。结合空间投影分析，减少的POI兴趣点主要集中在大雁塔遗址区及其北侧的西影路上，曲江池遗址区附近也有部分减少。由于两个遗址区地处主城区，毗邻小寨商业区，交通流量较大，遗址区开发之后为了避免周边环境对遗址本身干扰过大，将周边道路规划为单行道，旨在使私家车出行减少而公共交通增多。可以看出，目前交通设施的空间及细分类型的变化与遗址区的规划目标较为一致。

4.3.3 大明宫遗址片区空间属性值与POI功能动态变化

大明宫遗址片区2010年后发展速度迅猛（图4-22、图4-23），对比2010年与2016年各类型兴趣点数量变化幅度，运动健身增长速度最快，达到了58%；购物、旅游景点、宾馆等与旅游行业密切相关的功能也有所增加，其中购物上涨21%，旅游景点上涨17%，宾馆上涨14%。房地产、丽人、公司企业、汽车服务、教育、生活服务等功能均有所下降。交通设施、医疗、美食的变化不大。与对照区相比，大部分功能下降幅度削弱，变化程度为基本不变，部分功能在对照区总

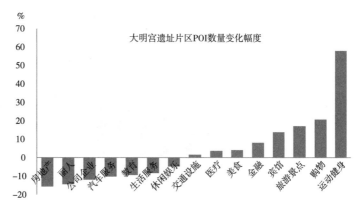

图 4-22　大明宫遗址片区
POI 数量变化幅度

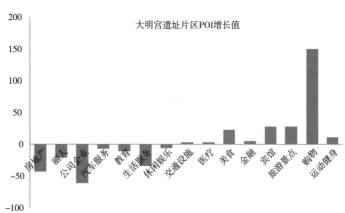

图 4-23　大明宫遗址片区
POI 数量增长值

体下降的情况下有所增加，说明遗址区开发影响较大，能较大程度拉动城市区域发展。对比2010年与2016年各类型兴趣点数量变化，购物功能增长十分明显，功能强化。公司企业减少量最多，房地产和生活服务功能的兴趣点数量减少也较为明显，功能弱化。美食、宾馆、旅游景点增长量相差不大。

4.3.4 汉城遗址片区空间属性值与POI功能动态变化

对比汉城遗址片区2010年与2016年各类型兴趣点数量变化幅度发现，随着近几年大遗址保护工作的开展，出现了各类功能大幅度减少现象（图4-24），其中购物、房地产甚至下降了近一半；运动健身、丽人、教育、公司企业、美食五大类的下降比例也超过了20%；旅游景点、生活服务、汽车服务分别小幅下降了14%、15%、17%。所有功能中仅金融、宾馆增长幅度明显，均大幅上涨了23%。医疗、交通设施的兴趣点数量略有增加，休闲娱乐略有减少，基本保持不变。可以看出，汉城遗址片区相对其他两个遗址区和对照区差异较大，周边城市区域受遗址区影响较小，大部分功能数量都有所下降。汉城片区离主城区较远，且保护改造仅限于遗址区内，未将周边城市纳入更新改造范围内，因此功能变化幅度较大。

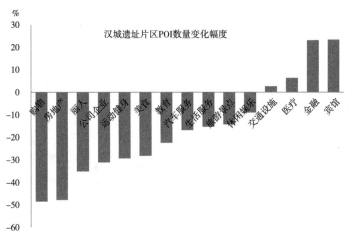

图 4-24　汉城遗址片区 POI
数量变化幅度

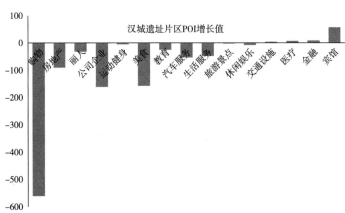

图 4-25　汉城遗址片区 POI
数量增长值

汉城遗址片区2010年与2016年各类型兴趣点数量对比如图4-25，购物功能兴趣点数量下降极其明显，由于商业中心有集聚效应，在发展过程中逐渐向城市商贸中心、次中心靠拢，远离城市区域的购物功能逐渐弱化。公司企业、美食、房地产三大类功能也有明显的下降，功能弱化。仅宾馆功能有所强化，兴趣点数量有明显的上升。2016年遗址区已开始规划改造，遗址区开发后周边的城市区域功能还在发展之中，未达到城市发展较为成熟区域的水平。这可以反映出遗址区周边区域仍有一定的发展潜力，另一方面也说明开发之后周边区域发展需要一段较长的时间，在4年之内未达到城市水平。同时，遗址区本身的存在也一定程度上影响了保护核心区周围缓冲区域的发展。

4.3.5 三大遗址片区与城市对照区的变化比较

在前述四节中对对照区与三个遗址片区进行了2010～2016年的动态变化概况分析，可以看出三个遗址片区的城市空间在遗址区的空间作用下功能结构发生了一定变化。但由于时间跨度较大，概况分析不能反映出遗址开发过程或开发后对

西安市大遗址保护对城市空间影响的量化分析

城市空间功能的具体变化，而2010年之前大数据尚未发展起来，仅2010年、2016年的数据不足以分析其动态演变。因此，本节加入了2013年的POI数据帮助分析，一方面由于2013年时间节点处于2010～2016年的中间节点，能反映遗址片区兴趣点的连续性变化，另一方面也由于2012年遗址片区进行了一些改造更新，功能结构会发生一定调整与改变，例如汉长安城遗址片区从2012年起至2013年12月，为开展申遗工作在申遗区域内开展了建筑拆除、环境整治、道路系统建设、遗址保护展示、考古工作现场展示、博物馆建设等一系列工作。

对不同研究范围内的POI数据进行统计分析，可以根据其数量变化的特征将其变化趋势分为四类：持续增加、持续减少、先增加后减少和先减少后增加。大部分功能类型属于后两类，其中三个研究区域中美食、丽人、教育培训、医疗、金融数量均先增加后减少，大明宫遗址片区的购物、生活服务、汽车服务功能，曲江遗址片区的休闲娱乐功能，以及东南城角片区的购物、生活服务、休闲娱乐汽车服务功能数量也呈先增加后减少趋势。三个区域的宾馆、房地产、交通设施、旅游景点数量均为先减少后增加，大明宫遗址片区的休闲娱乐、曲江文化遗址区的公司企业也呈先减少后增加趋势。少部分功能呈现持续性增长或减少的趋势，其中，曲江遗址区的购物功能、大明宫遗址区的健身运动功能及东南城角片区的公司企业呈持续增加趋势，大明宫遗址区的公司企业功能，以及曲江遗址区的生活服务、汽车服务、运动健身功能数量持续减少。

1. 不同类型功能数量的横向比较

不同类型功能的变化趋势与国家宏观政策干预有关，同时也与遗址区开发后对周边环境的影响有关。遗址区的开发往往引起周边范围内的空间利用产生变化，因此对一些功能的分布产生直接影响，进而这些功能对其余功能的分布产生间接影响，最终导致不同类型功能的数量变化。本文通过对照组的变化趋势排除城市自身的发展对于功能变化的影响，着重研究遗址区的开发对周边范围所产生的影响。

大体来看，遗址区内大部分功能与对照区域的变化趋势一致。美食、丽人、教育培训、医疗、金融数量均先增加后减少，宾馆、房地产、交通设施、旅游景点则呈现先减少后增加的趋势。表明基础设施及建筑业在2010～2013年期间受到显著影响，建设量明显缩减，这与国家政策及市场调控的因素相符合。2013年之后，建设又缓慢恢复，该类型功能开始小幅增长。而美食等功能主要由市场调控，在建设量减少期间，投资多转向服务性行业，导致其在2010～2013年间有大幅增长，2013年之后，在市场的调解下逐渐回归正常水平。这也反映出自上而下的政策因素和自下而上的市场调节对功能分布的影响。

除此之外，小部分功能表现出与对照区的变化差异。三个遗址片区在公司企业、运动健身功能类型较对照片区均呈现出显著不同，东南城角片区的公司企业数量呈持续增长趋势，而大明宫遗址片区、曲江文化遗址区和汉城遗址片区均呈持续减少趋势（图4-26）。结合遗址区自身区位分析，大明宫遗址区由于开发过程中拆除了大量原有居住区，人员大量外迁，目前该区域仍在开发建设中，整体较为荒凉，因此对于公司企业的吸引力较弱。而曲江遗址片区在开发前期公司企业外迁，数量减少，但由于其配套设施完善较快，居住区建设较多，因此在后期公司企业数量逐渐减少。汉城遗址片区离主城区较远，公司企业也在逐渐外迁，表现出相同减少趋势。运动健身由于其数量较少，变化幅度不大，且具有偶然性，因此不对其深入分析。

汉城遗址片区中，购物功能表现出与对照区和其他两个遗址片区的不同变化趋势（图4-27、图4-28）。在其他几个区域先增后减的发展中，汉城遗址片区的购物功能保持持续减少状态。由于近年来曲江片区的开发较快，且毗邻小寨商业片区，其发展明显好于大明宫遗址区，购物功能发展呈集聚效应，其POI数量也小幅增加。而汉城遗址片区缺乏城市中心级或次中心级购物中心，集聚力较差，导致购物功能越来越弱化。在生活服务功能方面，大明宫和东南城角两个区域均先增后减，曲江文化遗址区基本保持不变，与其居住区开发初期的配套功能的完善配置有关，在后期数量保持稳定状态。汉城遗址片区先减后增，说明生活服务功能随着购物功能外迁之后，由于数量太少不能满足居民服务需求，又逐渐增加。

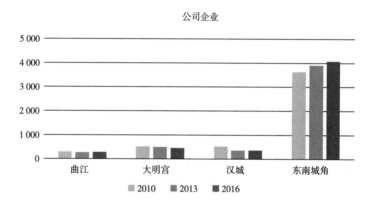

图4-26 不同区域公司企业功能变化趋势

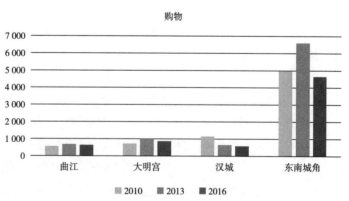

图4-27 不同区域购物功能变化趋势

西安市大遗址保护对城市空间影响的量化分析

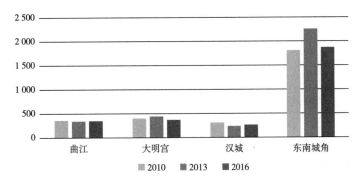

生活服务

图 4-28 不同区域生活服务功能变化趋势

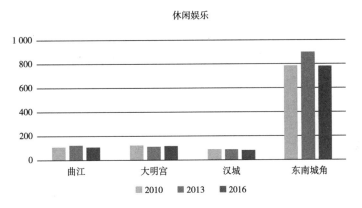

休闲娱乐

图 4-29 不同区域休闲娱乐功能变化趋势

大明宫遗址区中，休闲娱乐功能与其他两个区域呈现出不同的变化趋势（如图4-29）。曲江文化遗址区和东南城角片区均为先增加后减少，大明宫遗址区中该功能数量则是先减少后小幅增加。由于大明宫遗址区开发之后，片区发展较慢，吸引力较弱，因此休闲娱乐等设施逐渐减少。汉城遗址片区由于活力较弱，与其他功能类似，也呈现持续小幅减少状态。

汉城遗址片区其他功能变化趋势与西安市主城区整体相似，说明汉城遗址片区在2010～2016年这一阶段也没有太受到遗址的影响，和西安市其他非遗址地区的空间效率是一样的。而与东南城角片区相比，很多功能呈现持续下降趋势，说明其远离主城区，城市空间本身的发展力量较弱，因此遗址区域与周边城市空间的互动力量也相对较弱。

由上述分析可以看出，遗址区本身的开发会一定程度上影响周边的功能分布数量，主要会影响公司企业、运动健身、购物、休闲娱乐、生活服务等盈利性和服务性功能，而对于房地产、宾馆、交通设施等基础设施和建筑业功能影响较小。

2. 遗址区不同类型功能的变化幅度差异

在购物功能中，大明宫遗址片区、东南城角片区、汉城遗址片区变化幅度均较大，但曲江文化遗址区基本保持不变，说明该遗址区在购物吸引力上较强，遗址区开发也使购物中心呈集聚效应,形成了较为成熟的商业中心。公司企业功能中,汉城遗址片区、大明宫遗址片区、东南城角片区变化幅度较小,但曲江文化遗址区变化幅度较大,说明遗址区开发之后发展较好,吸引力增强,比对其他区域吸引了更多的公司企业。可以看出,曲江文化遗址片区较大明宫遗址片区、汉城遗址片区而言,发展更为成熟,吸引力也更强,一方面与其区位有关,另一方面也与较为成功的开发规划相关,曲江片区遗址较多,形成集聚效应,增强了自身的发展潜力。

在房地产功能中,东南城角片区变化幅度较小,三个遗址区变化幅度较大,说明遗址区的开发较城市其他区域而言会对建筑业产生较为直接的影响,在城市整体建设量基本保持平稳的情况下,仍在一定程度上能够促进土地开发建设。遗址区中休闲娱乐、丽人、教育培训等功能在对照区变化较大的情况下,基本保持不变,说明遗址开发的初期,服务性功能的发展较为缓慢,相较房地产的发展呈滞后状态,在居住小区入住居民增多之后,才会逐渐增加。

4.4 小结

本章首先对2010年、2016年西安市主城区和三大遗址区进行空间功能的静态分析,以各类功能的POI数量量化分析在某一时期的功能结构。研究反映出在2010年时,曲江遗址片区已开发建设得较为成熟,旅游、房地产业等功能占比明显高于主城区和其他区域,而大明宫遗址片区类似,虽然旅游景点较少但宾馆、房地产业相对主城区比重都较大,到2016年时,全城房地产业兴趣点数量都减少较多,但曲江与大明宫遗址片区房地产业比重仍相对同期主城区比重较高,可以看出遗址片区的建设一定程度上能促进周边城市区域房地产业的发展。三大遗址片区购物、美食功能兴趣点数量都较高,但曲江遗址片区在2010年、2016年都表现出美食功能高于购物功能的现象,一定程度上反映出该区域旅游产业发展更为活跃。汉城遗址片区在区域占地面积远高于其他两个区域的情况下,大多数功能仍低于其他两个遗址片区,一方面与其距离城市活跃中心较远有关,另一方面也说明城市化程度越低,遗址区对周边城市片区产生的影响越小。

其次,将遗址区域周边的城市功能发展与不包含遗址区的城市区域进行比较,研究了遗址区开发对周边城市区域的影响。本研究首先对功能数量进行了动态对比,对比发现,遗址区域内大多数功能与城市区域一样,受国家政策及宏观调控的影响,呈现浮动变化;进一步对比,可发现遗址区开发本身对部分功能的数量产生了一定影响,公司企业、运动健身、购物、休闲娱乐、生活服务等盈利性和服务性功能受此影响,与对照区呈现不同的变化趋势,而房地产、宾馆、交通设施等基础设施和建筑业功能受开发影响较小,与城市区域变化趋势一致。同时，以曲江片区为例，在开发过程中，周边城市区域与居住相关的功能数量有所减少，旅游相关功能和商务会展功能数量小幅增加，与"集生态环境重建、观光休闲娱乐、现代商务会展等功能为一体的综合性城市生态和娱乐休闲区"的规划预期目标基本符合。与城市对照区域对比发现，公司企业、医疗等功能变化幅度较小，说明与规划目标相关性较小的其他功能在一定程度上发展速度会被削弱。

最后，在此基础上进一步进行了变化幅度和功能密度的对比。可以发现，在购物和公司企业两个功能中，曲江文化遗址区变化幅度与其他两个区域不同，表明了曲江文化遗址区开发影响较大，也相对成功，自身发展潜力较大。两个遗址区的房地产功能类型相较对照区域变化幅度较大，说明在城市房地产建设整体较平稳的情况下，遗址区的开发能一定程度上刺激房地产业的发展。而功能密度的对比反映出，目前看来大明宫遗址片区和曲江遗址片区相对城市区域的功能发展水平仍较低，有较大的发展余地，需进一步发展完善。汉城遗址片区相对这两个遗址区明显发展较弱，未央宫等遗址区的保护与城市割裂，规划也未将遗址区与城市联系起来，因此开发过程对于周边区域影响较小，在未来仍有待开发改造。

基于上述研究，可以看出遗址区的开发在一定程度上对城市周边区域不同类型的功能有所影响，在大数据时代下，POI兴趣点为我们提供了一个更为细致的分析工具，帮助我们深入研究遗址开发影响的功能类型和影响幅度的大小，也为遗址区今后的规划发展提供借鉴和指导。

本章以城市生态为研究对象，分析遗址区在城市生态方面对西安市空间产生的影响变化。首先，本书根据生态景观用地的类型不同，将生态用地分成了耕地、水域、林地和草地四大类，以Landsat系列2002、2010、2016TM，ETM数据为基础，经过系统辐射校正和地面控制点几何校正，通过ENVI软件结合监督分类与非监督分类方法，人机交互解译分类遥感影像；然后，分别在斑块类型尺度水平和景观尺度水平选取了8个指数，将解译数据导入FRAGSTATS软件计算得出各项指数，然后对2002年、2010年、2016年西安大明宫、汉城、曲江三大遗址片区和西安主城区的各项指标进行对比，分析各大遗址片区的建设对城市生态的影响。

本章主要选取了8个指标对三大遗址片区和西安主城区进行分析。在斑块类型尺度水平，选取了斑块面积占比（PLAND）、斑块密度（PD）、聚合度指数（AI）和最大斑块指数（LPI）四组指数进行分析。在景观尺度水平，选取了Shannon多样性指数（SHDI）、景观斑块破碎度指数（SPLIT）、面积加权平均形状指数（SHAPE-AM）和面积加权平均分维数（FRAC-AM）四组指数进行分析。数据分析分为静态分析和动态分析。静态分析侧重考察一个时间段中，西安市全城、曲江遗址片区、大明宫遗址片区、汉城遗址片区四个空间系统之间的横向比较，用以研究在一个时间点上，遗址空间对于西安市整体的影响。动态比较侧重分析以三个年份为代表的时间轴上，大小四个空间系统的变化趋势和变化速度，并据此分析遗址空间对于西安市城市空间动态发展的影响。由于数据准确度的原因，本章节对2016年各遗址区建成后的景观空间进行深入分析，2002年和2010年仅对典型变化进行补充分析。

5.1 城市生态静态比较

5.1.1 2002年三个遗址片区与西安市的数据比较

对比2002年主城区与三大遗址片区的各项数据（表5-1）发现，曲江遗址片区和大明宫遗址片区景观指数普遍低于主城区水平，而汉城遗址片区的各项指数则明显高于主城区水平。从三个遗址片区的卫星地图（图5-1～图5-3）可以看出，2002年时三大遗址片区均处于未开发状态，片区内多以耕地和自然村为主，其中汉城遗址片区耕地面积及所占用地比例最大，其间零星分布着部分自然村，因此以耕地为主导的景观空间面积远远超过其他两个遗址片区，各项景观指数也相应较高。

2002年三个遗址片区与西安市景观指数数据表　　　　　　　　　　　表 5-1

2002年	PLAND	PD	AI	LPI	SHDI	SPLIT	FRAC-AM	SHAPE-AM
西安市	37.87	41.77	171.50	6.99	1.03	3.13	1.31	23.54
曲江	12.40	27.47	110.20	3.57	0.53	1.38	1.22	6.19
大明宫	9.56	15.38	137.83	5.31	0.42	1.24	1.15	3.42
汉城	76.13	61.92	186.73	58.70	1.13	2.86	1.29	17.32

斑块水平上，2002年景观空间斑块总面积占比（PLAND）差异较大，西安市主城区景观空间面积占比为37.87%，汉城遗址片区占比最大，达到了76.13%，这与这一时期该区域以耕地为主有关，数据分析表明，2002年汉城遗

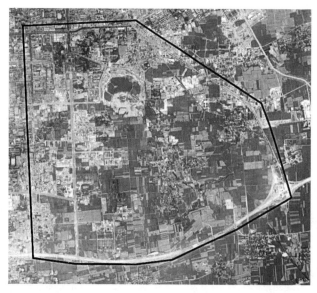

图5-1　2002年曲江遗址片区鸟瞰图
资料来源：百度。

图5-2　2002年大明宫遗址片区鸟瞰图
资料来源：百度。

西安市大遗址保护对城市空间影响的量化分析

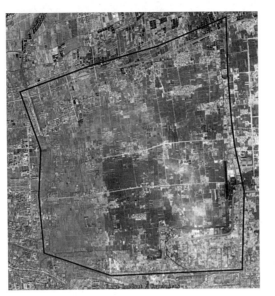

图 5-3　2002年汉城遗址片区鸟瞰图
资料来源：百度。

址片区仅耕地就占到了59%。相比而言，曲江遗址片区、大明宫遗址片区明显低于主城区水平，仅为10%左右。这两处遗址片区在2002年时自然村较多，星罗棋布地占据了用地的大部分空间，景观空间占比较少，且多为自然景观而非人工城市景观。景观密度（PD）与PLAND基本一致，汉城遗址片区景观密度远高于其他两个遗址区。

景观聚合度（AI）均处于100～190之间，片区之间的差异较前两个指数变小，聚合度指数反映了不同斑块类型的非随机性和聚集程度，取值越小，则景观越离散。比较得出，曲江遗址片区的离散度最大，汉城遗址片区与主城区的离散度相对较小。在斑块密度、斑块类型所占面积比例相差较大的情况下，曲江遗址片区的景观结构相对较为复杂，弥补了景观面积较小的劣势。从最大斑块指数（LPI）来看，曲江遗址片区、大明宫遗址片区和主城区的最大斑块相差不大，而汉城遗址片区的最大斑块远远高于另外三个研究区域，这可以从卫星地图中看出，汉城遗址片区的西南部为较为完整的大片耕地，景观优势用地类型不同造成了最大斑块指数的差异。

景观水平上，曲江、大明宫遗址片区的数值均较为接近，汉城遗址片区的景观指数与主城区基本持平。从以上多个数值可以看出，在2002年时，曲江遗址片区与大明宫遗址片区景观结构较为类似，而汉城遗址片区景观结构更趋于以耕地为主的郊区或农村的景观结构。Shannon多样性指数（SHDI）反映景观的异质性，数值越大，则城市空间格局的综合性越强，土地利用的多样性越高。表中数值对比可以看出，汉城遗址片区的土地利用多样性较强，略高于主城区，这也与其本身占地面积较大有关。其他两个遗址片区均为主城区水平的一半，由于其处于城市发展初级阶段，以自然村和简单居住区为主，绿地空间未经规划设计，因此用地类型较为单一。景观破碎度（SPLIT）指数中，三大遗址区均低于主城区平均水平，说明遗址区及周边景观仍处于受人为活动干扰较小的状态，由于遗址区的特殊性，无法在遗址上进行建设活动，因此初期多保留为耕地，相较其他城市区域而言耕地类型空间较多，景观破碎度较低。

三大遗址区和主城区的面积加权平均分维数（FRAC_AM）差异不大，主城区和汉城遗址片区略高于曲江和大明宫遗址片区，曲江遗址片区和大明宫遗址片区FRAC_AM较低，说明该阶段斑块形状较为简单，偏向于正方形，景观受人类活动干扰较小，景观结构简单。面积加权平均形状指数（SHAPE_AM）中，主城区和汉城遗址片区明显高于另外两个遗址片区，一方面与汉城遗址区本身占地面积较大、覆盖用地类型较多有关，另一方面也在FRAC_AM的基础上反映出主城区与汉城遗址片区在2002年时景观复杂性、土地集约化程度是高于其他区域的，在该阶段表现出明显的景观优势。

5.1.2 2010年三个遗址片区与西安市的数据比较

在经过城市发展、遗址开发之后，从2010年三大遗址区的卫星地图（图5-4～图5-6）可以看出，曲江遗址片区、大明宫遗址片区中的遗址区已经过规划保护，整个区域也经过了系统性的保护开发和城市更新改造，景观结构已初见雏形，周边城市片区也在八年间迅速发展，逐步建立起了一些绿化丰富、结构清晰的居住小区和商业区。与此相反，大明宫遗址片区耕地急剧减少，棚户区、城中村急剧增多，通过2002年和2010年的卫星影像图和统计数据对比，十年前遗产区内仅有零星村庄，其占地面积尚不到规划范围的20%，十年后达到40%以上，汉长安城未央宫遗址仅就遗址本身进行了简单保护，而未能同周边城市空间结合开发，因此原有的景观优势相对其他两个遗址区已大大削弱，景观结构相对简单。

斑块水平上，曲江遗址片区经过较快的发展，景观空间斑块总面积占比（PLAND）和景观密度（PD）均已高于主城区水平，且景观密度（PD）达到

图5-4 2010年曲江遗址片区鸟瞰图
资料来源：百度。

图5-5 2010年大明宫遗址片区鸟瞰图
资料来源：百度。

图 5-6　2010 年汉城遗址
片区鸟瞰图
资料来源：百度。

63.23个/km²，在三大遗址片区中最高；汉城遗址片区耕地虽被大量村庄建筑占据，有大幅下降，但PLAND和PD景观指数仍高于主城区水平，景观空间面积占比仍高于另外两个遗址区；大明宫遗址片区相比2010年虽有较大幅度的增长，但与主城区景观面积和密度比较而言仍相差较大，遗址区及周边城市仍需进一步更新和改造（表5-2）。

2010 年三个遗址片区与西安市景观指数数据表　　　　　　　　表 5-2

2010年	PLAND	PD	AI	LPI	SHDI	SPLIT	FRAC-AM	SHAPE-AM
西安市	38.07	41.47	237.91	2.53	1.11	2.94	1.32	33.23
曲江	42.45	63.23	243.17	7.81	1.28	3.25	1.25	9.37
大明宫	24.12	21.29	250.41	16.10	0.70	1.78	1.25	7.18
汉城	55.27	56.11	220.44	8.04	1.36	9.80	1.25	8.74

资料来源：作者自制。

2010年时，三大遗址片区景观聚合度（AI）基本处于同一水平，相差较小。汉城遗址片区聚合度最低，曲江和大明宫遗址片区均高于主城区水平，聚合度较高，离散度小，从卫星地图上可以看出，汉城遗址片区由于城市空间和自然村的急剧发展，完整耕地被分离成零碎斑块，此时曲江池遗址、大唐芙蓉园遗址和大明宫遗址经过初步保护，清除了原有的建筑并将景观空间连成一片，因此聚合度高于汉城遗址片区。通过最大斑块面积（LPI）指数比较得出，三大遗址片区均高于主城区水平，该阶段遗址片区成为城市大块绿地景观的主要贡献者，大明宫遗址片区由于遗址面积较大，斑块较完整，因此LPI指数是另外两个遗址区的二倍。

景观水平上，三大遗址片区的面积加权平均分维数（FRAC_AM）和面积加权平均形状指数（SHAPE_AM）基本持平，反映出遗址片区景观空间经过城市发展和人为规划干预，各个区域的景观形状趋于相似，景观复杂度和城市土地综合利用程度达到一个稳定水平。遗址片区两个指数均远低于主城区整体水平，这与主城区用地属性（景观多样化、土地集约化程度高）有关。但遗址片区的指数仍略低于主城区水平，这与遗址片区承担的城市职能及发展阶段有关。2010年时，曲江遗址片区和汉城遗址片区的Shannon多样性指数（SHDI）已高于主城区水平，说明其景观空间土地利用的多样化大大加强，水域、草地、林地等多种景观空间扩大并丰富；但大明宫遗址片区仍处于较低水平，2010年时的改造更新还主要集中于遗址区本身，尚未开始周边区域的开发，且与曲江片区比较而言，遗址内景观类型较为单一，多为大片草地，因此SHDI相对较低，多样性较差，生态空间的抗干扰能力相对较弱。景观破碎度（SPLIT）的区域差异与SHDI基本一致，值得注意的是，汉城遗址片区的景观破碎度是其他区域的3~4倍，这与上文提到自然村的大量无序发展有关，切割了原有的完整耕地，导致景观破碎度急剧上升，景观复杂性虽大大加强，但对城市景观空间本身及遗址区破坏巨大，增大了后续遗址片区改造更新的难度。

5.1.3 2016年三个遗址片区与西安市的数据比较

从2016年各遗址片区的卫星地图（图5-7~图5-9）可以看出，该阶段各个区域的景观空间发展已较为成熟，遗址区内景观设计更加细化，周边区域绿地空间星罗棋布，景观结构趋于成熟，尤其是曲江遗址片区和大明宫遗址片区已成为较为成熟的遗址公园区。从各个研究范围的景观指数可以发现（表5-3），遗址片区的多项景观指数高于主城区水平（PLAND、PD、LPI、SHDI等），景观空间土地利用的多样性、集约程度都有较大提升，承担起城市空间内生态绿化、休闲运动的主要职能。

图5-7　2016年曲江遗址片区鸟瞰图
资料来源：百度。

图5-8　2016年大明宫遗址片区鸟瞰图
资料来源：百度。

图 5-9　2016 年汉城遗址
片区鸟瞰图
资料来源：百度。

2016 年三个遗址片区与西安市景观指数数据表　　　　　表 5-3

2016年	PLAND	PD	AI	LPI	SHDI	SPLIT	FRAC-AM	SHAPE-AM
西安市	32.29	70.75	182.86	1.28	1.14	2.53	1.33	48.54
曲江	39.24	92.76	152.78	6.31	1.15	3.07	1.28	12.70
大明宫	34.18	72.49	185.68	6.31	1.21	2.80	1.24	7.20
汉城	42.56	66.24	203.53	4.85	1.34	4.03	1.26	12.09

1. 斑块水平

　　2016年主城区与各遗址片区的景观空间斑块总面积占比（PLAND）均达到了30%以上，其中各遗址片区的景观空间斑块总面积占比明显高于西安主城区的平均水平。景观空间总面积占比最大的汉城遗址片区甚至达到了42%，其次为曲江遗址片区的39%，最后是大明宫遗址片区也达到了34%，均高于主城区的32%。

　　各片区的景观空间斑块类型构成中，耕地斑块面积占比都很低，仅为2%左右。汉城遗址片区耕地斑块的面积占比高于其他片区，约为2.76%；曲江遗址片区则最少，仅有1.17%。各遗址区域的水域斑块面积占比均高于主城区，三大遗址片区中大明宫遗址片区水域的斑块面积占比最高，为10.58%，汉城遗址片区和曲江遗址片区分别为9.15%、9.49%。林地斑块面积占比方面，曲江遗址片区的最大，为21.64%，曲江和大明宫的林地斑块面积占比与主城区相差无几，均为百分之十二点几。汉城遗址片区的草地斑块面积占比最大，为17.94%，大明宫与曲江遗址片区的草地斑块面积占比明显低于主城区平均水平，这与两处遗址片区建设发展时间久、景观空间类型丰富不无关系（图5-10）。

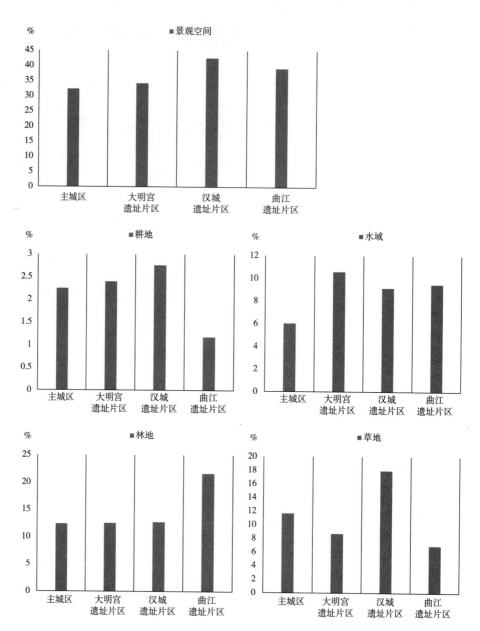

图5-10 2016年主城区和三大遗址片区斑块面积占比（PLAND）比较

对比发现，景观空间斑块总面积占比最大的汉城遗址片区的斑块密度（PD）反而是各遗址片区中最低的，可见汉城遗址片区的草地、林地等斑块的单块面积大、数量少；曲江遗址片的景观密度反而是最大的，大明宫与主城区相仿。

汉城遗址片区的耕地斑块密度最大，水域、林地、草地的斑块密度均为最小。曲江遗址片区的水域、林地、草地的斑块密度均较高，呈现出单块面积小、数量多的特点，各种土地利用类型分散分布。大明宫地区则与主城区相差不多（图5-11）。

西安市大遗址保护对城市空间影响的量化分析

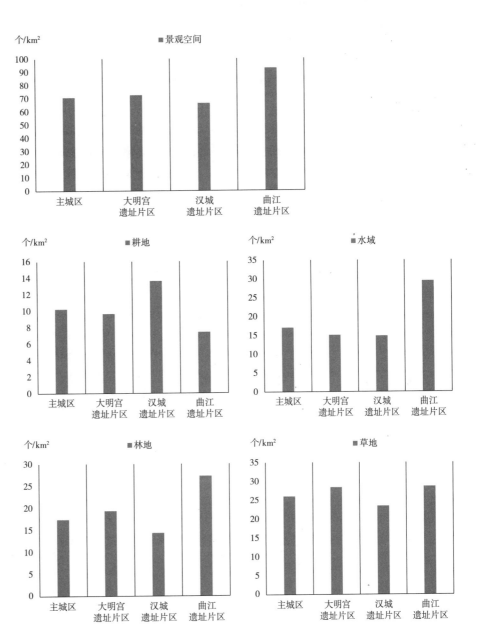

图 5-11　2016 年主城区和三大遗址片区斑块密度（PD）比较

对比斑块聚合度指数，可以发现，斑块面积占比大、斑块密度小的遗址片区的聚合度指数（AI）越高，反之则越低。曲江遗址片区的各类景观用地的斑块密度明显高于其他片区，虽然该片区的景观面积占比较高，但是其景观空间聚合度甚至低于主城区平均水平。而斑块面积占比最大、斑块密度最小的汉城遗址片区的聚合度指数就要明显高于其他片区。

大明宫遗址片区的耕地和水域斑块的聚合度指数要明显高于其他地区，说明该片区的耕地、水域类型斑块的连通性优于其他片区。汉城遗址片区的林地和草地斑块聚合度指数高于其他片区，说明汉城遗址片区的林地、草地类型斑块的连通性优于其他地区。而各类型斑块聚合度指数均较低的曲江遗址片区，其各类型斑块的连通性就要明显低于其他片区。这与曲江遗址片区是由曲江池、唐城墙、唐慈恩寺三大遗址公园共同构成有关，各大公园之间连通性较低。而大明宫和汉城遗址片区则是整体规划的，景观空间之间连通性高（图5-12）。

如图5-13所示，各遗址片区的各类景观空间用地最大斑块指数（LPI）明显高于主城区平均水平，是主城区水平的4~6倍。开发建设最晚的汉城遗址片区的最大景观用地斑块为草地。大明宫遗址片区和曲江遗址片区分别开发修缮了太液

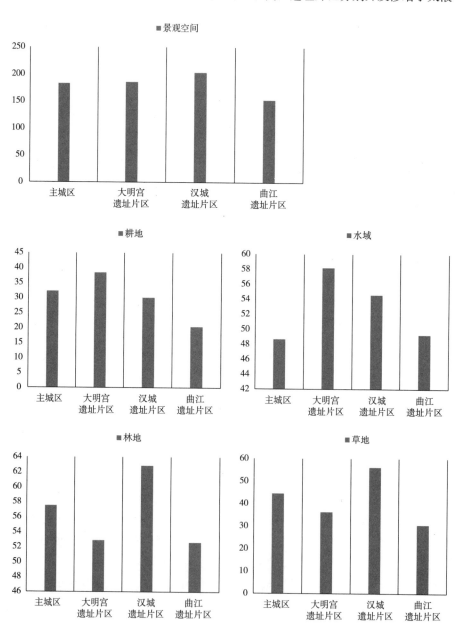

图5-12 2016年主城区和三大遗址片区景观聚合度（AI）比较

西安市大遗址保护对城市空间影响的量化分析

池和曲江池，并使之成为最大的水域斑块。由于开发建设的时间较早，曲江遗址片区和大明宫遗址片区均已形成了一定规模的林地斑块，因此，这两处遗址片区内的林地最大景观占比要明显高于建设较晚的汉城遗址片区。该阶段遗址片区对城市景观空间的贡献十分巨大，是城市水域、林地、草地等景观空间的主要担当。

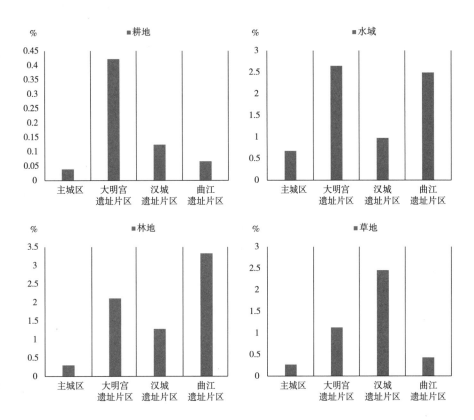

图 5-13　2016 年主城区和三大遗址片区最大斑块指数（LPI）比较

2. 景观水平

与西安主城区相比的三大遗址片区景观尺度水平如图5-14所示。三大遗址片区的Shannon多样性指数SHDI均高于主城区的平均水平，三大遗址片区的Shannon多样性指数较高，较2002年、2010年都有了大幅提升，说明三大遗址片区内的景观整体多样性高，景观类型分散斑块多，空间异质性强。三大遗址片区的景观斑块破碎度指数SPLIT高于主城区，则主要是因为三大遗址片区的建筑用地面积小，造成整体SPLIT较高，单位斑块面积小于主城区的平均水平。汉城遗址片区的Shannon多样性指数SHDI和景观斑块破碎度指数SPLIT均处于各片区的最高水平。可见该片区由于自然或人为干扰所导致的景观多样性最大，景观类型分散斑块最多，各类型斑块所占面积比例较其他片区的相似度高。

Shannon多样性 指数SHDI	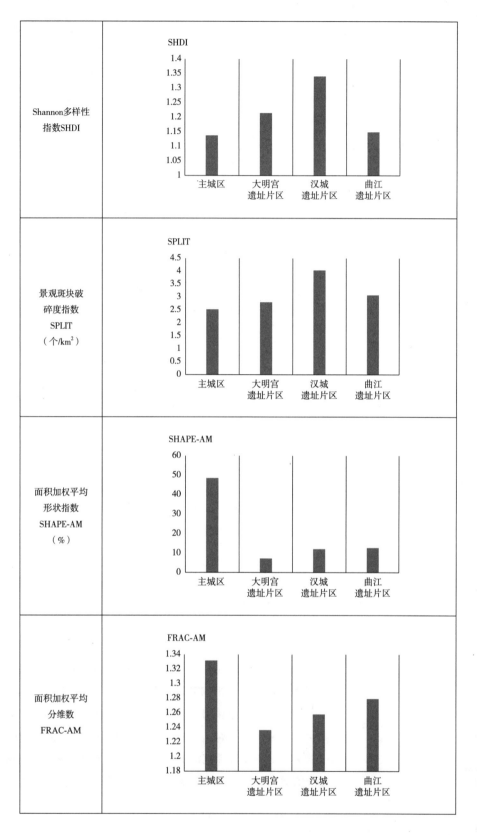
景观斑块破 碎度指数 SPLIT （个/km²）	
面积加权平均 形状指数 SHAPE-AM （%）	
面积加权平均 分维数 FRAC-AM	

图 5-14　景观尺度水平数据分析表

主城区的SHAPE-AM最大，说明该地块的用地属性综合，土地集约化高，这与实际情况相吻合。而三大遗址片区中，曲江遗址片区的SHAPE-AM最高，与该地区为三大遗址片区中的用地属性最为综合相吻合，且该地区斑块形状最复杂、最不规则。大明宫遗址片区的SHAPE-AM最低，与该片区内主要为景观绿地属性相吻合。主城区的面积加权平均分维数（FRAC-AM）高，说明受人类活动干扰小，而三大遗址片区的分维数值普遍偏低，则是说明三个片区属于受人类活动影响大的人为景观。其中，大明宫遗址片区的FRAC-AM最低，主要是因为该片区内多为受人类活动影响大的人造景观。三大遗址片区的面积加权平均形状指数（SHAPE-AM）和面积加权平均分维数（FRAC-AM）均低于主城区，尤其是面积加权平均形状指数（SHAPE-AM）仅为主城区的四分之一，说明与西安市主城区的景观空间相比较，遗址区内景观整体形状较规则，景观类型斑块形状相似化发展，这也说明人类对自然景观的干扰程度较大。

5.2 城市生态动态对比

5.2.1 西安市2002年、2010年、2016年三组数据对比

1. 斑块水平

相关研究表明，在城市绿地空间面积比例小于40%的情况下，绿地空间结构的合理性对绿地功能的影响非常重要。如表5-4所示，西安市2002年、2010年、2016年3年的景观空间斑块总面积占比均低于40%，其中2010年指数达到最高38%，依然低于40%，因此其空间结构仍需进一步完善，发挥城市生态的最大效益。3年数据对比可知，西安主城区斑块所占景观面积的比例（PLAND）整体表现为下降趋势，这与大量的耕地被占领有关，至2016年，西安主城区内景观空间面积占比仅为32%左右。其中耕地斑块变化最为明显，全城内大约有9/10的耕地面积消失。虽然水域在2010年的面积占比仅为2002年水域面积占比的1/4，但到了2016年已增长至2002年水域面积占比的3/4。2016年的林地面积占比更是从2002年的仅0.203 7%暴涨了60多倍，达到了12.372 5%，与草地面积占比持平。2016年的草地面积占比低于2010年，但较2002年增长了5倍左右（图5-15、图5-16）。

西安市 2002、2010、2016 年景观指数数据表　　　　　　　　　　表 5-4

西安市	PLAND	PD	AI	LPI	SHDI	SPLIT	FRAC-AM	SHAPE-AM
2002年	37.87	41.77	171.50	6.99	1.03	3.13	1.31	23.54
2010年	38.07	41.47	237.91	2.53	1.11	2.94	1.32	33.23
2016年	32.29	70.75	182.86	1.28	1.14	2.53	1.33	48.54

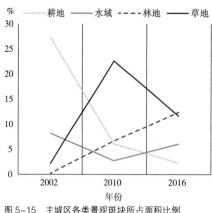
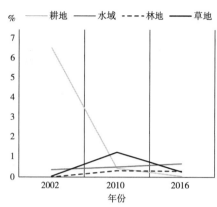

图 5-15　主城区各类景观斑块所占面积比例　　　　　图 5-16　主城区各类景观最大斑块指数变化图

斑块密度（PD）前两年整体保持稳定，2016年有较大幅度增长，聚集度指数则在2002～2010年有一定幅度增长之后，在2016年突然下降，这说明随着时间的变化，主城区的整体绿地空间均存在景观破碎化程度加剧、不规则程度增加的现象。在城市发展后期，农田空间受到城市空间和绿地空间的双重挤压，其聚集度指数急剧降低，加之传统的未经规划设计的大片绿地被开发为公园和公共空间，因此斑块密度急剧上升。耕地空间在前期占比较大，因此在城市发展过程中，耕地的急剧下降会引起景观空间斑块密度、聚集度等的较大变化。

斑块水平上，最大斑块指数（LPI）一直处于下降趋势，从各类斑块所占景观面积比例的变化可以看出，2002～2016年，占比最大的由耕地空间转变为草地空间。同样，2002年的耕地最大斑块指数占绝对优势，但到2016年已降为最低，出现了优势景观互换的现象。由于研究范围在绕城高速以内，城市开发已逐渐趋于成熟，因此最大斑块指数的下降幅度将逐渐趋于平缓。

2. 景观水平

Shannon多样性指数（SHDI）、景观斑块破碎度指数（SPLIT）、面积加权平均形状指数（FRAC-AM）三年波动较小，变化不大。当SHDI=0时，表明整个景观仅由一个斑块组成；SHDI增大，说明斑块类型增加或各斑块类型在景观中呈均衡化趋势分布。几年来，主城区SHDI均处于上升趋势，说明景观空间的结构越来越丰富多样，景观类型占比趋于均衡化。在景观占比低于40%的情况下，景观结构多样化有利于整个城市生态系统的稳定。面积加权平均形状指数（FRAC-AM）一定程度上也反映了人类活动对景观格局的影响，受人类活动干扰小的自然景观的分数维值高，而受人类活动影响大的人为景观的分数维值低。由此可以看出，2002～2016年，城市景观受到人类活动干扰的情况逐年加剧，这也与在斑块水平上的指数呈现出的趋势一致。

面积加权平均形状指数（SHAPE-AM）与其他三个指数不同，呈现出明显上升的趋势。当SHAPE-AM=1时，说明所有的斑块形状为最简单的方形，三年指数均大于10，说明景观格局复杂性仍保持一定水平。SHAPE-AM值增大时，说明斑块形状变得更复杂、更不规则，一定程度上反映出城市景观结构复杂性加剧，总体逐渐趋于成熟。

5.2.2 曲江遗址片区2002年、2010年、2016年三组数据对比

1. 斑块水平

如表5-5所示，曲江遗址片区景观斑块类型所占面积比例（PLAND）2002年时最低，仅为12.4%。2002年还未开展遗址开发和曲江新区的建设，在遗址区域尚存大量自然村和较密集的路网，建设用地及未利用土地共占将近87%（图5-17），因此生态用地相对来说占比较少。2007年后，曲江新区成为首批国家级文化产业示范区，随着大雁塔北广场、大明宫国家遗址公园、大唐芙蓉园景区、楼观台道教文化展示区等项目逐渐完工，2010年景观生态用地面积占比大幅度增长至42.5%，遗址开发和公园建设使景观结构趋于成熟，绿地空间急剧增加。到2016年，片区内新建部分文化及商业设施，面积占比有小幅度下降，但仍保持接近40%的水平，可以看出，近年内经过曲江遗址片区的多项旅游项目开发，原有的耕地和建设用地转化为林地、草地、水域等景观用地，林地由原来的0增加至22%，草地由原来的0增加至7%（图5-18），水域也有小幅上涨，景观空间类型更加多样，片区生态空间已趋于成熟。

曲江遗址片区 2002、2010、2016 年景观指数数据表　　　　　　表 5-5

曲江	PLAND	PD	AI	LPI	SHDI	SPLIT	FRAC-AM	SHAPE-AM
2002年	12.40	27.47	110.20	3.57	0.53	1.38	1.22	6.19
2010年	42.45	63.23	243.17	7.81	1.28	3.25	1.25	9.37
2016年	39.24	92.76	152.78	6.31	1.15	3.07	1.28	12.70

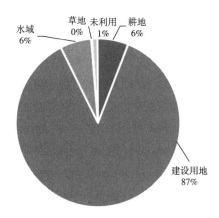

图5-17　2002年曲江遗址片区各类用地所占比例

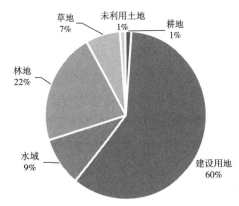

图5-18　2016年曲江遗址片区各类用地所占比例

景观密度（PD）在2002～2016年呈现大幅度增长，由最初的27.7增长至92.6，说明曲江片区在开发过程中景观破碎化程度加剧，景观复杂性急剧上升。景观聚合度（AI）呈现先上升后下降的趋势，AI取值越小，景观离散度越高，可以看出曲江在初期开发过程中，将原有建设用地转化为遗址景观用地，还以大片绿地为主，在中后期逐渐对绿地进行分割设计，转向高品质景观小空间，景观连通性也逐渐增强。这点也在最大斑块指数（LPI）的变化中得到印证，最大斑块指数在2010年达到最大，2016年有所降低，在地图分析中可以看出曲江池及周边为最大景观用地。

2. 景观水平

Shannon多样性指数（SHDI）在2002～2010年开发初期增长了一倍多，说明斑块类型增加或各斑块类型在景观中呈均衡化趋势分布，景观结构从简单到复杂逐渐建立起来。2010～2016年变化不大，有小幅下降，该片区部分住宅小区和商业体可能引起了这一变化。景观斑块破碎度指数（SPLIT）与Shannon多样性指数（SHDI）变化类似，也呈现先大幅增长又趋于稳定的变化趋势，破碎度的急剧增加反映了人类对该片区生态系统的干扰程度越大，但同时反映了景观由原来单一、均质和连续的整体趋向于复杂、异质和不连续的斑块镶嵌体的过程，景观结构变得更加复杂。

面积加权平均分维数（FRAC_AM）平稳上升，变化幅度较小，相较西安市变化幅度略大，说明与主城区相比，曲江遗址片区受人为活动干扰较大，这也与遗址区的开发进度和强度相匹配。面积加权平均形状指数（SHAPE_AM）也在14年间增加了近6.5，增长近一倍。面积加权的平均分形维数是反映景观边界形状复杂程度的一种指标，其值越大，边界形状越复杂，其斑块与外界物质能量的交流能力越发达，根据结果显示，曲江遗址片区的景观复杂程度逐年增高，2016年时达到12.7。

5.2.3 大明宫遗址片区2002年、2010年、2016年三组数据对比

自20世纪50年代开始，国家开始对唐大明宫遗址进行考古勘探；2003年征得国家文物局同意之后，陕西省政府批准公布了《唐大明宫遗址保护总体规划》；至2011年大明宫遗址公园建成。因此，总体来说，2002～2010年间景观指数相对来说变化较大，2010年后遗址公园雏形已在，变化幅度相对较小。这三个时间段的各项数据在表5-6中列出。

1. 斑块水平

生态斑块类型所占景观面积比例（PLAND）2010年之前增长了近两倍，大明宫遗址公园建成之前，大明宫遗址始终被荒地与城中村占压，棚户区林立，基本没有林地、草地或水域等景观空间。大明宫遗址公园建成后，成为西安市道

大明宫遗址片区2002年、2010年、2016年景观指数数据表　　　　表5-6

大明宫	PLAND	PD	AI	LPI	SHDI	SPLIT	FRAC-AM	SHAPE-AM
2002年	9.56	15.38	137.83	5.31	0.42	1.24	1.15	3.42
2010年	24.12	21.29	250.41	16.10	0.70	1.78	1.25	7.18
2016年	34.18	72.49	185.68	6.31	1.21	2.80	1.24	7.20

北地区的一座重要城市开放空间，带动了周边的城中村改造、居民生活基础设施的完善、道路的拓宽、排水系统的重建和居住区的绿化等。2010～2016年间，PLAND数值仍在持续增长，遗址片区生态空间不断扩大，景观空间结构逐渐完善并趋于成熟。

相对景观面积占比变化来说，斑块密度（PD）的变化表现出滞后性，2002～2010年，斑块密度由15.38个/km²小幅度上升为21.29个/km²，2016年大幅度增长至72.49个/km²。这与遗址公园的开发模式呈现一致性，大明宫遗址公园的开发主要包括旧城更新和遗址保护。在前期开发中，侧重于清理原有城中村、棚户区，得到大面积景观绿地，以便于遗址公园的建设；而后期开发，进一步细化公园景观的设计，加之遗址周边片区居住区绿化的建设和完善，斑块密度急剧上升。与此相同，最大斑块指数（LPI）在2010年达到最大，2016年又恢复到与2002年基本相同的水平。由于大明宫遗址区处于主城区内，过大尺度的景观空间不仅切断了城市交通的联系，而且不适宜城市居民使用，因此，最大斑块指数在主城区内不宜过大。景观聚合度（AI）也表现出先增后减的趋势，AI反映了生态斑块类型相互之间的连通性，取值越小，景观越离散。2010年时斑块完整度较高，离散度低，因此取值较大，2016年时离散度增高，景观空间复杂性也相应升高。

2. 景观水平

从景观水平来看，4个指数均处于总体上升的状态。其中，Shannon多样性指数（SHDI）和景观斑块破碎度指数（SPLIT）在两个阶段均处于大幅增加状态，而面积加权平均分维数（FRAC_AM）和面积加权平均形状指数（SHAPE_AM）在2002～2010年第一阶段大幅增加，2010年之后基本保持稳定。SHDI逐步增加反映出大明宫遗址片区的景观结构从无到有逐步建立的过程，在2010年之后仍在不断完善和优化。往往土地利用越丰富，破碎化程度越高，其不定性的信息含量也越大，SHDI的值也会相应增大。大明宫遗址片区在开发和发展过程中，斑块类型不断增加，原有斑块也趋向均衡化发展。同时，SPLIT也反映出，在斑块密度和斑块类型不断增加的过程中，破碎化程度也在增加，尤其是在2010年之后的第二阶段内增幅明显。

FRAC_AM和SHAPE_AM在2002～2010年增长较快，尤其是面积加权平均形状指数（SHAPE_AM）由3.42增长到7.18，说明景观形状趋向不规则化，斑块形状越不规则，则地块的用地属性越综合，土地集约化程度越高，这也与遗址片区等的开发目标一致。位于主城区的遗址片区及其周边土地，一方面担负着保护原有遗址、展示所在片区文化的责任，另一方面也要服务城市居民、承担一定的城市功能，因此土地的集约程度及功能混合度都要高于城郊的遗址保护区。在2010年之后，两个值仍在继续增长，但增幅不大，说明景观形状已基本定型，开发侧重于景观品质的提升。

5.2.4 汉城遗址片区2002年、2010年、2016年三组数据对比

汉长安城遗址片区较为独特，是八分之一个西安建成区大小。在2005年之前，汉长安城遗址片区的保护仅围绕现存文物及陈列展示馆建设展开，尚未有总体规划与更新措施。整体遗址片区的保护与开发中较为重要的节点有两个，一是2009年1月，《汉长安城遗址保护总体规划》获国家文物局批复，2010年7月，由陕西省人民政府公布实施；二是2012年11月，根据丝绸之路申报世界遗产工作要求，未央宫遗址区开始进行巨量改造与提升工作，至2013年10月，遗址区城市面貌全面改造，城市环境大幅提升。相对曲江与大明宫遗址片区的保护与开发，有明显的滞后性，因此数据变化呈现出不同的特征（表5-7）。

汉城遗址片区 2002 年、2010 年、2016 年景观指数数据表　　　　　表 5-7

汉城	PLAND	PD	AI	LPI	SHDI	SPLIT	FRAC-AM	SHAPE-AM
2002年	76.13	61.92	186.73	58.70	1.13	2.86	1.29	17.32
2010年	55.27	56.11	220.44	8.04	1.36	9.80	1.25	8.74
2016年	42.56	66.24	203.53	4.85	1.34	4.03	1.26	12.09

1. 斑块水平

汉城遗址片区在三个遗址片区中变化较为特殊，斑块类型所占景观面积（PLAND）在逐年下降，对生态空间进行分类分析可知，从2002年到2016年，耕地所占面积由原来的59%下降至3%，而建设用地由23%增加为54%，优势用地类型互换。这与汉城遗址片区所处区位有关，与其他两个紧邻主城区的遗址片区不同，汉城遗址片区地处城市西郊，2002年前后还未受到城镇化趋势波及，多以耕地为主，林地、草地等景观用地较少。虽然总体生态空间所占景观面积在不断下降，但从各斑块类型所占面积比例可知（图5-19、图5-20），草地由7%增长为18%，林地由1%增长为13%，水域占比保持不变，城市景观用地面积还是有较大幅度增长的。最大斑块指数（LPI）也反映出这一变化趋势，第一阶段内由58.7%减少到8.04%，这与耕地转化建设用地和城市景观用地的过程同步，到2016年降低为4.85%，城市化程度越高，则斑块越趋于碎片化，最大斑块指数越小。

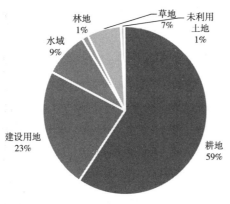
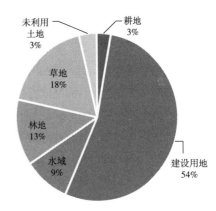

图 5-19　2002 年汉城遗址片区各类用地所占比例　　　图 5-20　2016 年汉城遗址片区各类用地所占比例
资料来源：作者自绘。

　　景观密度（PD）在初期阶段有小幅度下降，2010年之后又逐步回升，密度高于2002年。总体来说，该阶段是景观空间由耕地空间转化为城市景观空间（草地、林地为主）的过程，因此斑块密度先下降后上升，与原有水平基本持平。景观聚合度（AI）变化趋势相反，西安上升后下降，同大明宫遗址片区一样，2010年处于开发中期，还在整体开发阶段，斑块完整度较高，离散度低；2010年之后逐步偏重小片区开发，遗址周边住宅商业的逐步完善也带动了景观空间的分散和深化设计，完整度降低，而离散度增高。

2. 景观水平

　　Shannon多样性指数（SHDI）2010年之前增加较多，2010年之后变化基本稳定。而景观破碎度（SPLIT）则是先近5倍增长后又下降至一半。分析同一景观不同时期的多样性与异质性变化，SHDI反映出2010年前景观多样性明显增长，斑块类型增多，斑块分布的均质性增强，在2010年之后基本保持不变。景观破碎度（SPLIT）的变化趋势与静态分析中所提到的原因一致，2010年之前，自然村占用土地比例由原来的20%增长到40%，耕地碎片化严重，导致SPLIT急剧上升，2010年之后，遗址区开始进行更新改造，拆除了较多的临时建筑和城中村，景观空间得到整合，因此SPLIT又下降至4.03，仍高于同时期其他区域水平。

　　面积加权平均分维数（FRAC_AM）在2002年之后有小幅下降，2010与2016年相差不大，FRAC_AM值变小体现出人类干扰影响加剧，在人为改造活动下，斑块趋向规则化。面积加权平均形状指数（SHAPE_AM）先大幅下降，又小幅回升，但仍低于2002年。汉城遗址片区与其他片区呈现出不同趋势，在其他遗址片区土地利用综合性越来越高的情况下，表现出相反趋势，这与汉城遗址片区开发较晚的实际情况相符合，也说明了在前期无规划控制的情况下，土地利用的综合性与集约度下降，城市景观空间结构趋向简单化。

5.2.5 2002~2016年三个遗址片区与西安市的变化速度与趋势对比

1. 斑块类型水平尺度

随着各遗址片区建设工作的开展，各遗址片区的景观用地占比整体来说至2016年均高于西安主城区的平均水平（表5-8）。大明宫遗址片区最少，也达到了34.18%，曲江遗址片区约39.2%，汉城遗址片区最高，约为42.56%。从表格变化幅度可以看出，曲江遗址片区、大明宫遗址片区增幅明显，均是2002年的3~4倍。随着大明宫遗址公园建设工作的开展，大明宫遗址片区景观用地面积占比增长迅速，曲江遗址片区景观用地面积占比也随着三大遗址公园的建设一直处于明显上升状态。而主城区和汉城遗址片区则都小幅度下降，汉城的景观总面积占比一直明显高于其他地区，但该片区景观面积占比总体来说一直处于下降趋势，这主要与大面积的耕地被占用有关。

2002年、2010年、2016年各研究区域PLAND值及变化幅度　　　　　表5-8

	PLAND							
	主城区	幅度	曲江	幅度	大明宫	幅度	汉城	幅度
2002年	37.87	—	12.40	—	9.56	—	76.13	—
2010年	38.07	0.53%	42.45	242.34%	24.12	152.30%	55.27	−27.40%
2016年	32.29	−15.18%	39.24	−7.56%	34.18	41.71%	42.56	−23.00%

进一步对景观用地的四种类型（绿地、草地、水域和耕地）进行分析，三大遗址片区以及西安主城区的耕地面积占比均处于下降趋势，其中汉城遗址片区的变化最为明显，该遗址片区耕地斑块的面积占比变化与主城区相似，已由2002年的59.48%骤降至2016年的2.76%，减少了95%的耕地面积占比。2010年以前主要是受城市化发展的影响，大量耕地被建筑所占。2010年以后，汉长安城遗址片区从2012年起至2013年12月，为开展申遗工作，在申遗区域内进行了建筑拆除、环境整治、道路系统建设、遗址保护展示、考古工作现场展示、博物馆建设等一系列工作，进一步减少了耕地的面积。

另外，各片区的林地面积占比增长迅猛，各地区在2002年时几乎都没有林地，但到了2016年林地面积占比均达到了12%以上，其中曲江遗址片区甚至达到了21.64%。大明宫遗址片区的林地面积占比也增长到了12.6%。随着西安主城区的开发利用，耕地面积占比的减少，水域、草地、林地的面积占比逐渐上升，并且绿化结构逐渐合理化，林地逐渐取代了原有的草地，林地斑块面积占比甚至逐渐超过草地斑块的面积比例。这与西安市计划在未来的50~100年间，城市与公园将同步发展，遗址公园将成为西安市最具意义的城市森林和城市居民必需的休闲场所和宁静的心灵家园的目标相吻合。

各遗址片区的水域面积均有所增长，其中大明宫遗址片区随着太液池的修

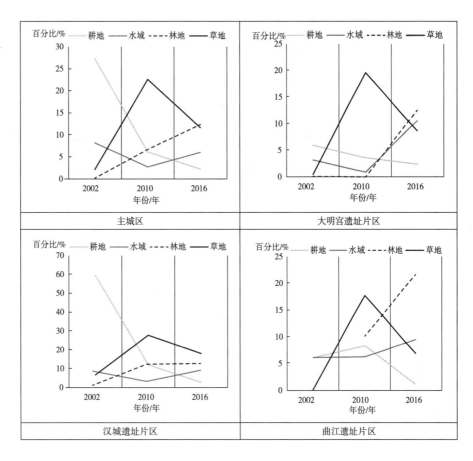

图 5-21 斑块所占景观面积的比例（PLAND）数据比较

建，水域面积占比增长最为显著，由2002年的3.16%上升至2016年的10.51%，曲江遗址片区水域面积占比也在曲江池的建设后，由原来的6%左右上升到了9.49%（以上景观面积占比变化见图5-21）。

对比2002年、2010年、2016年各遗址片区和西安主城区的斑块面积（CA）和斑块个数（NP）发现，随着城市化的进程加快，西安主城区景观空间用地面积整体呈下降趋势，但景观空间的斑块个数却明显增加，景观空间各类用地面积的构成占比发生了巨大的变化（图5-22）。其中，耕地斑块面积下降最为明显，大量的耕地被建筑用地侵占，虽然耕地斑块数量变化不大，但单个耕地面积大幅度缩水，原本成片的耕地变成小块分布在各个区域。虽然耕地斑块面积大幅度下降，但随着西安近些年环境保护政策的推行，也出现了大量的草地、林地斑块，主城区内的草地和林地斑块面积大大增加，草地和林地的斑块个数上升也十分明显。

西安主城区内以及三大遗址片区的草地斑块面积均表现出从2002年到2010年快速上涨，至2016年又明显下降的趋势，这主要是因为随着城市景观结构的合理化发展，部分草地上种植了树木继而成为林地。虽然草地面积在2010年后出现了明显的下降趋势，但是各区域的草地斑块个数却一直处于上升的趋势，平均草地

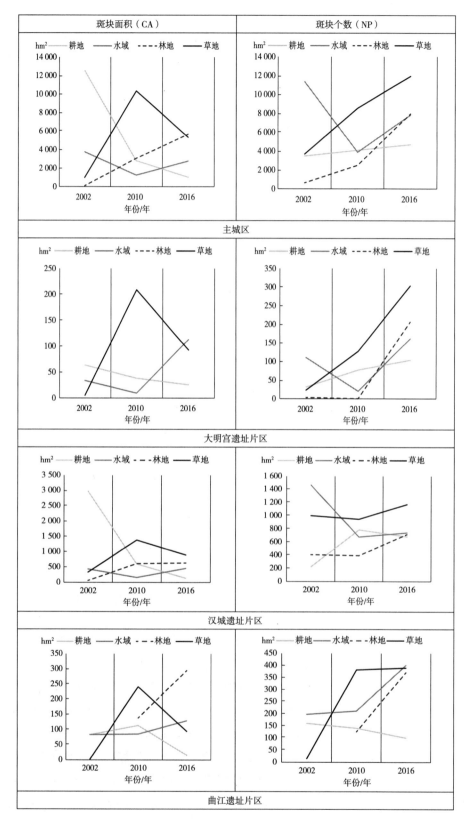

图5-22 斑块面积(CA)、
斑块个数（NP）数据比较

斑块面积逐渐减少。

汉城遗址片区的水域斑块面积有着明显的增长，但是其斑块个数却表现为下降，可见该片区内的水域已逐渐连接成片。曲江遗址片区的水域斑块面积略有增加，但其水域斑块个数增长却很是迅速。

各遗址片区及西安主城区内景观用地的斑块密度均处于增长状态，说明各区域的景观整体破碎程度逐年加大，有向小斑块分散布局形态转变的趋势。但汉城遗址片区内的水域斑块密度降低幅度较大，说明随着近些年对遗址区内水域环境的合理规划与治理，该片区内的水域逐渐联合成片，汇成一体。相反，曲江遗址片区的水域斑块密度逐年增加，与该遗址片区内小区林立，且自带水系不无关系。

自2007年大明宫遗址片区整治三步走以来，其内的景观空间斑块密度增速迅猛。这主要受遗址公园内整治工作的影响，拆除了大量的建筑，并进行了整体的规划，区域内水域、林地、草地各类景观用地量均增长迅猛。汉城遗址片区内的草地斑块密度几乎没变，但其草地斑块面积比2002年大了很多，说明随着申遗工作的开展，该区域内草地斑块范围有所扩张。曲江遗址片区的林地斑块密度在2010年至2016年间增长明显，斑块面积增加了很多，斑块范围逐渐扩张（图5-23）。

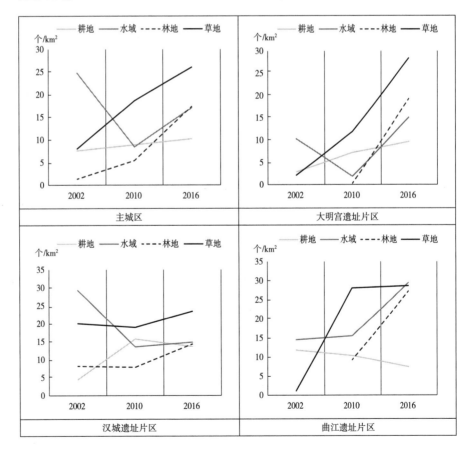

图5-23　斑块密度（PD）
数据比较

最大斑块指数LPI的大小决定着景观在片区内的优势度，2002年各遗址片区和整个西安主城区内的最大斑块指数的景观用地均为耕地，其中汉城遗址片区的耕地最大斑块指数甚至达到了57.97%。而到了2010年，耕地的最大斑块指数已经逐渐低于其他用地类型，汉城遗址片区甚至骤降为2.08%，此时各区域的最大斑块指数最大的用地均为草地。其中，大明宫遗址片区的草地斑块优势最为明显，达到了14.88%。直到2016年，耕地已经完全失去了优势种的地位，降至最低。此时主城区内各类景观用地最大斑块指数趋于平衡，大明宫和汉城遗址片区的各斑块最大斑块指数也逐渐趋于相似，仅曲江遗址片区的林地和水域斑块的最大斑块较其他两种具有较为明显的优势（图5-24）。

斑块形状指数LSI用来表示一定尺度上斑块和景观复杂程度，LSI越大，表示形状越复杂。西安主城区内及各遗址片区的耕地斑块形状指数变化不大，一直保持着简单的构图方式，而林地和草地斑块形状指数上升十分明显，说明林地和草地的斑块形状越来越复杂。水域的LSI变化比较有趣，各地区都表现出在2010年处于最低值，而到了2016年又有所上升。与景观面积占比变化趋势相似，随着景观面积占比的增加，景观形状越来越多样，复杂程度也有所加强（图5-25）。

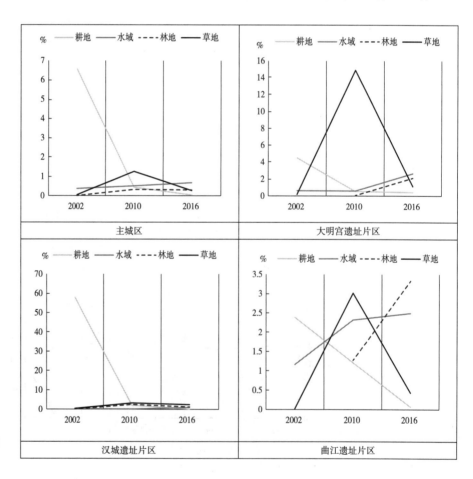

图 5-24　最大斑块指数
（LPI）变化

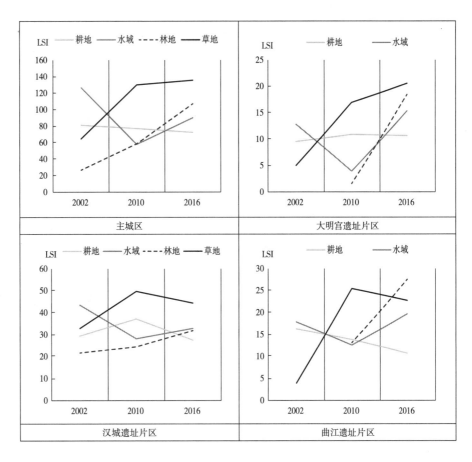

图 5-25 斑块形状指数
（LSI）数据比较

西安主城区和各遗址片区内，耕地斑块的聚合度指数一直处于下降趋势，耕地斑块面积减少，耕地斑块个数和斑块密度却变化不大，耕地斑块的景观离散情况越来越明显。其他景观用地的斑块聚合度在2002～2010年之间表现出明显的上升趋势，但是2010年以后均不同程度地表现出了下降的趋势，景观空间用地斑块内的连通性逐年下降。其中，曲江遗址片区各类景观用地的斑块面积在2010年之后处于上升阶段，但是其斑块密度的增长明显高于其他片区，虽然该片区的景观面积占比较高，但是其景观空间聚合度却下降明显，甚至低于主城区平均水平（图5-26）。

2. 景观格局动态变化

景观斑块破碎度指数（SPLIT）反映景观空间结构的复杂性，在一定程度上反映了人类对景观的干扰程度，进而反映出人类对自然生态系统的影响。它是由于自然或人为干扰所导致的景观由单一、均质和连续的整体趋向于复杂、异质和不连续的斑块镶嵌体的过程。一般来说，破碎度越大，人类对生态系统的影响越大。

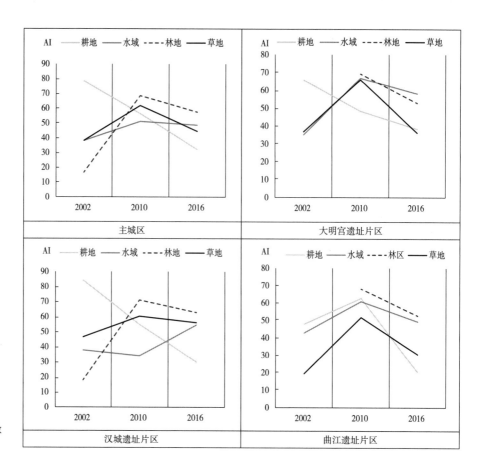

图 5-26 斑块聚合度指数
（AI）数据比较

如图5-27，通过对西安市主城区和三个遗址片区比较可知，西安主城区内景观斑块破碎度指数虽略有下降，但总的来说变化不大。2002年时，三个遗址片区的破碎度均低于主城区平均水平，到了2016年，变化为均高于主城区水平，说明遗址开发加剧了景观空间的破碎化程度，将原有单一均质的景观空间变为复杂不规则的空间，对于区域景观结构的成熟有一定贡献。汉城遗址片区相较西安市主城区的景观破碎度指数变化最为明显，自2002年的2.86个/km²猛增至9.7个/km²之后，又跌至2016年的4.03个/km²。2010年，西安市开始申遗工作之前，随着城市化的发展，大量的外来务工人员涌入汉城区域，原居住在该遗址片区内的村民大量搭建建筑甚至向外租售土地供废品回收站等使用，空间破碎度也随之加大。申遗工作开展之后，大量的违章搭建被拆除，被草地、林地所替代，因此空间破碎度出现了逐渐减小的趋势。曲江遗址片区和大明宫遗址片区总体呈现上涨趋势，曲江遗址片区的景观斑块破碎度指数在2002～2010年间增长较快，2010年以后变化甚微。2002～2010年之间，曲江遗址片区先后建成了大唐芙蓉园、曲江遗址公园等一系列主题公园，并开发了一系列住宅区，这使得曲江地区的景观破碎度产生了明显的上涨，但在2010年之后，一系列的规划已经趋于稳定，因此变化不

西安市大遗址保护对城市空间影响的量化分析

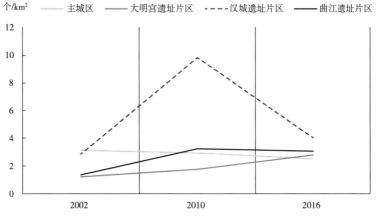

图 5-27 景观斑块破碎度指数（SPLIT）变化幅度比较

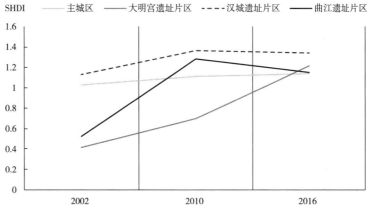

图 5-28 Shannon 多样性指数（SHDI）变化幅度比较

大。而大明宫遗址片区的景观斑块破碎度指数则是在2010年之后变化速度略有加快，与大明宫片区的规划改造主要集中在2010年前后进行有关。

图5-28展示了主城区和三大遗址片区SHDI的变化趋势和幅度。SHDI＝0表明整个景观仅由一个斑块组成；SHDI增大，说明斑块类型增加或各斑块类型在景观中呈均衡化趋势分布。几年来主城区和三大遗址片区内的SHDI均处于上升趋势，说明景观空间的结构越来越丰富多样，景观类型占比趋于均衡化。仅曲江遗址片区在2010年后略有下降，这与该地区林地斑块面积占比逐渐超过草地斑块面积占比有关。大明宫遗址片区的SHDI变化最为显著，各类景观空间用地面积占比趋同性高。

从2002年起，无论是主城区还是大明宫、曲江遗址片区的面积加权平均形状指数（SHAPE_AM）都处于逐年上升状态，曲江遗址片区增速较快，说明主城区及大明宫、曲江遗址片区的各斑块形状越来越不规律，用地属性越来越综合，土地集约化程度越来越高。但是汉城遗址片区的SHAPE_AM则是从2002～2010年处于下降的状态，至2016年略有回升（图5-29）。

如图5-30所示，主城区和大明宫、曲江遗址面积加权平均分维数FRAC_AM

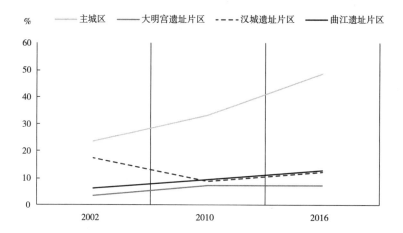

图 5-29 面积加权平均形状指数（SHAPE_AM）变化幅度比较

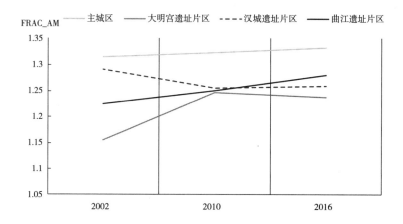

图 5-30 面积加权平均分维数（FRAC_AM）变化幅度比较

自2002年以来一直处于上升趋势，说明景观空间在逐渐增多，城市生态受人类活动的干扰越来越小，而汉城遗址片区的FRAC_AM值却是逐年下降，说明该片区受人类活动影响越来越大。

5.3 小结

首先，本章节基于遥感技术和FRAGSTATS软件计算出的各类景观格局指数，对2002年、2010年、2016年三个年份各区域景观空间规模、分布特征和景观结构进行定量化分析比较。通过静态横向对比可以看出，2002年时，三大遗址片区都处于未开发状态，景观空间以原有耕地、林地、水域为主，草地较少，曲江遗址片区和大明宫遗址片区各项景观指数均低于主城区整体水平，而城市化水平较低的汉城遗址片区依靠大面积耕地表现出绝对的生态优势。2010年时，仅从景观空间指数便可以看出，曲江遗址片区和大明宫遗址片区景观格局指数明显高于主城区，8年内的遗址公园开发、旧城改造取得了较为可观的成果，景观结构初步建立起来，而汉城遗址片区由于更新改造较晚，在2010年前处于自然发展与扩张状态，各项景观格局指数相较2002年有所降低，但依然高于城区其他遗址片区，保持一定优势；2016年时，经过两个阶段的发展，曲江和大明宫遗址片区各项指数均体现出区域生态空间多样性增强，景观复杂度提高，景观结构趋于成熟，在此阶段，汉城遗址片区也开始了系统性的开发规划，各项指数均有回升。

通过静态对比可以看出，在遗址片区的开发对于遗址区及周边城市空间的影响重大，开发之前由于遗址片区面积较小、商住区较多，因此景观结构单一，生态空间面积较小，景观类型也不够丰富，而经过有目的的规划开发，遗址片区的景观多样性、土地集约程度都会有较大改善，景观用地面积也大幅上升，相比其他城市区域而言，景观结构更加成熟，同时能够影响周边城市空间的景观构成，在城市中承担休闲运动、生态平衡的职能。

其次，本章节通过对比同一区域不同时间的景观空间指数，结合遗址片区的实际状况，分析了遗址开发过程对遗址所在片区城市生态的影响。研究结果显示，景观格局指数的变化与遗址开发过程基本同步，遗址开发活动对城市绿地空间规模、复杂度和联通度均有正向影响。分析可知，三大遗址片区中，曲江遗址片区在两个阶段的开发中，景观优化均取得了较好效果；大明宫遗址片区在第一阶段发展较快，第二阶段增速变缓甚至停滞，总体景观丰富度低于其他两个片区；汉城遗址片区第一阶段未有大规模开发，处于自然发展状态，第二阶段开始系统性开发，景观空间规模逐渐恢复，总体结构逐渐成熟。

不同遗址片区景观格局指数的变化幅度也反映出曲江遗址片区的开发力度较强，对于景观空间的人为干预更大，基于旅游发展目标建成的曲江遗址公园、曲江寒窑遗址公园、唐城墙遗址公园、唐大慈恩寺遗址公园、大唐芙蓉园遗址公园、秦二世陵遗址公园等曲江六大遗址公园，使得该片区在有限的面积中取得了相对丰富的景观结构，在五年内达到绿化覆盖率49.69%，土地利用集约化程度高，青林丛复，绿水弥漫。曲江模式仅从城市生态的角度分析，可以说是取得了很大成功。相较而言，大明宫遗址片区生态起步较弱，初期阶段有了较大提升，但由于开发改造模式后劲不足，因此在后期发展较慢，片区的城市生态总体低于其他片区。总之，成熟适宜的遗址开发模式能够对处于城市空间中的遗址片区带来有益的影响，对城市生态的维持发挥正向作用。

本章节的研究以空间效率NACH为核心，分析遗址空间对西安城市空间在空间效率的变化上所起的作用。首先，分别以2002年、2010年及2016年的西安市地图为基础，绘制相应年份中由西安市各条道路形成的CAD轴线模型，并在Depthmap软件中形成线段模型。然后，将由芙蓉园、曲江池及大雁塔构成的曲江片区、大明宫片区及汉城片区的图形分别置入独立的图层当中，便于后期分析计算。最后，在Depthmap中对模型进行线段角度分析（angular segment analysis），将π等分为1 024个空间，以米制（Metric）半径进行划定，分别取r＝n、10 000米及5 000米，代表计算范围分别为西安市全局、机动车日常出行半径和非机动车日常出行半径。此外，在数据分布的观测中，加入了半径500米的NACH值，这是由于数据分布的观测，侧重考察区域内的空间效率高低变化，因此采用了步行尺度的半径，以便于描述区域内的日常生活空间其出行效益的分布有怎样的特征。

经过软件计算，得到不同年代、不同半径范围的NACH，分别考察西安市全城、曲江遗址片区、大明宫遗址片区、汉城遗址片区范围内的数值大小，以及其差值和变化趋势，并根据数据进行分析。数据分析分为静态分析和动态分析。静态分析侧重考察一个时间段中，西安市全城、曲江遗址片区、大明宫遗址片区、汉城遗址片区四个空间系统之间的横向比较，用以研究在一个时间点上，遗址空间对于西安市整体的影响。动态比较侧重分析以三个年份为代表的时间轴上，大小四个空间系统的变化趋势和变化速度，并据此分析遗址空间对于西安城市空间动态发展的影响。

6.1 空间效率静态比较

6.1.1 西安市数据描述：2002年、2010年、2016年

1. 数据描述

如表6-1所示，从2002年的数值来看，西安市城市空间系统的全局空间效率、10公里半径空间效率和5公里半径的空间效率的平均值和最高值差距不大（由于最小值均为0，没有比较意义，以下皆同），说明西安市在不同尺度范围内，其内部空间的空间收益与损耗程度差别不大。在西安某个区域内活动或者在全市范围内活动，其出行的投入和产出比近似。同时，这也意味着，在2002年，西安市空间是比较匀质的。城市主干道和次一至两级的干道，被穿越的次数差不多，其空间价值也差不多。三个半径下的NACH平均值在0.7 ~ 0.85，其空间效率较低。

西安市2002、2010、2016年空间效率数据表　　　　　　　表6-1

	2002年	2010年	2016年
平均值NACH Rn	0.790 395	0.596 026	0.581 164
平均值NACH R10000	0.810 768	0.908 272	0.840 422
平均值NACH R5000	0.825 446	0.921 269	0.853 32
最大值NACH Rn	1.620 11	1.083 89	1.155 12
最大值NACH R10000	1.552 62	1.501 78	1.544 46
最大值NACH R5000	1.508 38	1.483 92	1.540 37

西安城市空间在2010年的空间效率数值发生了一些变化。首先，全局半径的NACH平均值降低较明显，而同时半径10公里与5公里的NACH平均值却有所升高，全局空间效率平均值和最高值均明显低于半径10公里和5公里的。这意味着，在2010年，西安市的空间组织方式在10公里以下的半径范围内空间效率较高。也就是说，从单个空间出发，到达10公里半径内的任一空间，其出行收益与损耗的比值是较高的，但是一旦突破10公里半径，其效益与损耗的比值就会大幅度降低。其次，由于10公里半径和5公里半径的NACH值较接近，且较2002年都有所升高，说明此时的西安市空间结构更有利于非机动车出行，起到传输城市交通经济流的主要通道不够多，或者是作用不够理想。

到了2016年，其数值情况与2010年差不多。三个平均值虽有轻微下降，但幅度很小，可以忽略。观察最大值时可见最大值均有所升高，回到轴线图寻找三个半径的NACH最大值所处的位置，会发现这几个道路段都在西安市南北中轴线靠北（未央路）的街道上。在平均值基本不变的情况下，这个区域的空间效率提升

与市政府大力建设和整改西安市二环以北的城市空间有很大的关系。但除了核心区外，西安市整体的NACH平均值依然徘徊在0.8左右，空间效率还是偏低。由于最大值升高，而平均值不变，说明NACH值较低的空间增多了，这些空间具体分布在哪些位置，还需要进一步考察。

2. 数据分布

上文中显示西安市全局、10公里和5公里三个半径下的空间效率数值接近，那么为了进一步考察生活尺度下空间效率（NACH）的分布情况，增加计算了半径500米的NACH值。从图6-1～图6-3中不难看出，西安市2002年城市道路网有着明显的分形特征，除去边缘地区，大部分城市区域的局部与整体的道路连接方式有着明显的相似性，这也可以解释不同半径下的NACH值非常接近的现象。同时，可以从城市道路网中看到一条明显的南北分界线——铁路。铁路割断了南北交通，并同时出现南部发展较好而北部空间效率明显不良的情况。

就NACH R500来说，整个城市区域的分布较为均匀，空间效率较高的区域向东西方扩张明显，而在汉城遗址片区和曲江遗址片区有着明显的衰减，此时的大明宫区域在图中并没有显著的特征。由于500米半径是以步行交通为主的出行范围，因此该半径范围的空间效率表示着生活半径的出行效益。

在2010年，NACH R500的分布在曲江区域有所提升，但汉城片区依然较低，不利于城市生活的活跃。大明宫片区的情况与2002年没有明显改变。就西安市整

图6-1 西安市 2002 年 NACH R500 数据分布图

图 6-2　西安市 2010 年 NACH R500 数据分布图

图 6-3　西安市 2016 年 NACH R500 数据分布图

西安市大遗址保护对城市空间影响的量化分析

体来说，以铁路为界，南侧的城市空间依然较北侧的城市空间更为高效，城市的南北发展到2010年并不均衡。

到了2016年，城市NACH R500的数值在汉城依然很低，从图面上看，在大明宫片区和曲江池也分别出现了两个空缺，但这两处空缺均位于遗址本体保护区和曲江池湖面，因此出现这样的空档是正常合理的。另一个值得注意的现象，是在汉城遗址片区和大明宫遗址片区之间出现了空间效率较高的集中区域，这个很可能是由于两大遗址在一定程度上阻断了城市南北向的交通联系，而遗址之间区域的交通压力激增而导致的。也有赖于这条存在于两大遗址之间的通道，城市北侧区域的空间效率有了提高，城市的南北差距缩小。

6.1.2 曲江遗址片区数据描述：2002年、2010年、2016年

1. 数据描述

从表6-2中数值来看，曲江遗址片区的NACH Rn在持续下降，是由于曲江遗址片区在2002年还未开展遗址开发和曲江新区的建设，在遗址区域尚存大量自然村和较密集的路网。从2005年之后，曲江新区开始建设，曲江池的开挖、唐城墙遗址绿化带的建设，以及自然村的消失，都使得原本密集的路网变得稀疏。同时原本与城市中心区相连接的一些道路，为了避让遗址和公园的建设而产生断裂或者绕行，因此NACH Rn的降低是不可避免的。但另一方面，5公里半径与10公里半径的空间效率则基本与2002年的数值持平，说明遗址开发和公园建设并没有影响区域范围内的出行经济。此外，三个半径下的NACH最大值，都超过了1.2，而且逐年升高，说明在该区域内出现了效率较高的空间。从NACH R5000和NACH R10000这两个平均值变化不大的现象来看，应该是在遗址保护区和曲江湖建设而导致的部分空间效率骤减的情况下，通过片区内其他部分的效率增高而产生的。因此，可以总结说，就空间效率的数值来看，曲江遗址片区在保护遗址、建设绿化带的同时，并没有造成出行效益的损害。

曲江片区2002年、2010年、2016年空间效率数据表　　　　表6-2

	2002年	2010年	2016年
平均值NACH Rn	0.805 023	0.592 675	0.558 461
平均值NACH R10000	0.830 162	0.915 943	0.808 576
平均值NACH R5000	0.842 378	0.928 299	0.820 896
最大值NACH Rn	1.433 15	0.963 661	1.044 41
最大值NACH R10000	1.403 26	1.417 66	1.447 05
最大值NACH R5000	1.372 15	1.395 52	1.421 52

2. 数据分布

从三张图（图6-4～图6-6）的对比来看，在2002年，曲江遗址片区还未进行新区建设和遗址开发，故而道路有着自然生长的形态，且500米半径下空间效率明显呈现出从城市中心（片区西北角方向）向城市外围（片区东南角方向）衰减的趋向。同时，自然村的村中心也出现了较高的空间效率分布。到了2010年，曲江新区建设已经开始，但还未完成，同时曲江池已经开挖。从图中来看，道路网基本成型，空间效率高的街道沿主要干道分布，围绕曲江湖的环湖道路也成为高频次的途经街道。这一特征在2016年产生了重要的变化。首先，该片区500米半径下的高效率空间已不再呈现依赖城市原有中心的特征，无论是片区的西北角还是片区内的主要交通干道，都不是NACH R500较高的空间，空间效率高的数值分布在小街区内部的路网中心。这说明，该片区已经成长为成熟的、具有内部动力的空间系统，高效的空间围绕市民的生活区域展开。其空间效益也不再依赖源自西安城市核心的输出。此外，在2016年，围绕曲江池遗址公园，周围出现了一圈小型高效的空间组团，这也说明，该片区的路网建设具有均衡发展和内在动力的特征。

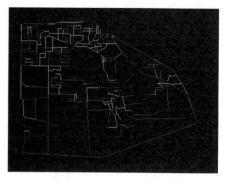

图 6-4 曲江片区 2002 年 NACH R500 分布图

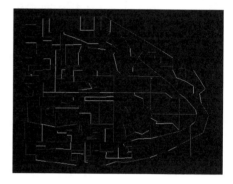

图 6-5 曲江片区 2010 年 NACH R500 分布图

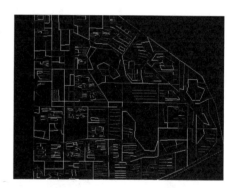

图 6-6 曲江片区 2016 年 NACH R500 分布图

6.1.3 大明宫遗址片区数据描述：2002年、2010年、2016年

1. 数据描述

表6-3为大明宫遗址片区从2002～2016年三个半径下NACH的数值。其总体特征与曲江遗址片区很接近。在2002年三个半径下的NACH平均值与最大值都差别不大，可以说大明宫遗址片区在全程范围内的交通出行效益和在小范围内的出行效益没有什么差别。到了2010年，也是在全局半径下的NACH平均值

和最高值均有明显下降，其他两个半径的NACH值基本保持不变。这应该是受2010年前后大明宫遗址公园建设的影响，使得该片区在西安市范围内被穿行的次数减少而导致的。到了2016年，全局半径下的NACH平均值继续下降，而其最大值则有所升高。这意味着大明宫片区的道路在空间效率上的两极分化加重。结合该片区的实际情况来说，应该是遗址公园建成后，其外部公共路网的利用率增高，而遗址公园的展览区域有进出口设置，其交通穿越次数必然非常低。因此，遗址公园的建设从交通出行的角度来说，是对大明宫区域在西安市全程空间网络中的地位的不利影响。就大明宫片区空间效率在较小范围半径（5公里与10公里）的数值来看，2016年又回到了2002年的水准，对所处地区的带动性没有改变。

大明宫片区2002年、2010年、2016年空间效率数据表　　表6-3

	2002年	2010年	2016年
平均值NACH Rn	0.797 25	0.603 045	0.565 643
平均值NACH R10000	0.819 499	0.912 1	0.813 658
平均值NACH R5000	0.836 123	0.927 447	0.826 292
最大值NACH Rn	1.620 11	1.083 89	1.152 47
最大值NACH R10000	1.552 62	1.471 77	1.544 46
最大值NACH R5000	1.508 38	1.424 55	1.508 55

2. 数据分布

通过观察图6-7～图6-9可知，大明宫遗址片区从2002～2016年的道路网变化是比较大的。在2002年，大明宫遗址还没有完成搬迁整改，整个区域密布着民宅、棚户和小型加工厂，这些小建筑一方面使得道路短小密集，同时由于是非规划建设区域，因而道路具有一定的自生长形态特征。总体而言，这一年大明宫片区的各条街道空间效率均衡，围绕遗址本体（当时仅保护了几处夯土台和地基）呈现不太明显的包围，空间效率在北端略有衰减。

到了2010年，遗址保护区的轮廓已经比较明显，遗址南部（丹凤门遗址区）已经进行了改建，原有的路网从这里被分割成东西两片。同时，遗址北部（太液池遗址区）的路网空间效率明显提高，可能是由于南部东西向联系减弱，而使得北部道路联系东西的作用增强。

该片区路网被大明宫遗址公园切分成东西两片的特征继续保持到2016年，并且有了更加明显的趋势。从图中可以看出，以大明宫（更准确地说是大明宫东侧的太华路）为界，西侧路网的NACH R500普遍高于东侧，同时遗址公园内部道路整改完成，其对区域交通的吸引力有所提高。

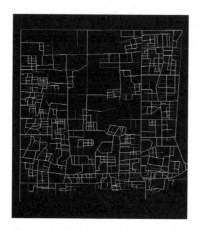 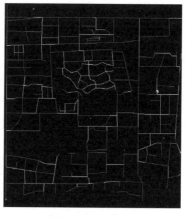 

图 6-7 大明宫片区 2002 年 NACH R500 分布图

图 6-8 大明宫片区 2010 年 NACH R500 分布图

图 6-9 大明宫片区 2016 年 NACH R500 分布图

6.1.4 汉城遗址片区数据描述：2002年、2010年、2016年

1. 数据描述

汉城片区 2002 年、2010 年、2016 年空间效率数据表　　　　　　表 6-4

	2002年	2010年	2016年
平均值NACH Rn	0.820 595	0.596 7	0.362 131
平均值NACH R10000	0.841 961	0.911 201	0.918 579
平均值NACH R5000	0.862 437	0.931 913	0.935 657
最大值NACH Rn	1.520 31	1.049 01	1.131 48
最大值NACH R10000	1.459 52	1.501 78	1.502 53
最大值NACH R5000	1.423 24	1.483 92	1.482 34

资料来源：作者自制。

汉城遗址片区三个半径下的NACH数值在2002年、2010年和2016年的情况如上表。第一行的全局NACH平均值持续三年一直下降，说明该片区的空间效率持续恶化。结合该地区的实际情况也确实如此。在汉城遗址开始开发和拆迁之前，这里是大面积的城中村，村中主要道路与城市路网联系较好，但在遗址开发建设实施之后，不可避免地出现道路的整改和路网尺度变大。由于遗址保护区的道路建设，必须考虑到地下遗存和历史上的道路格局，势必会和现有城市道路产生一些断裂，故而，该区域在遗址开发建设之后出现的全城范围内空间效率降低，也是可以理解的。

观察半径5公里和10公里的NACH值会发现，从2002~2016年，该片区在持续增高。这个现象说明，虽然汉城遗址片区与西安市全城空间的结合不够理想，但与其所处区域的连通性是越来越好的，并且在该区域范围内的空间效率有所提升，不过主要发生在2002～2010年期间，2010～2016年的提升就不明显了。应该是由于在2010年，汉城遗址片区大的道路整改就已经基本定型，之后没有太大的变动，因此后一阶段的空间效率变化不大。

目前汉长安城遗址片区的建设还远没有结束，待其建设完成后的空间效率会产生什么样的变化，还需要之后进一步考察。

2. 数据分布

汉城遗址片区的建设与大明宫和曲江都有所不同。大明宫遗址片区的土地占地面积在三个遗址中是最小的，其道路整改以周边环绕遗址区为主，在遗址区内的道路以景观道路为主，不太承载城市交通压力，因此能够较清楚地看到路网的空白和密集区与遗址位置的关系。曲江遗址片区的地下和地上遗存量都非常少，道路网的规划更多地考虑城市交通的便利和居民出行的舒适，因此其道路网与城市其他片区的路网有着很大的相似性，与遗址本体的形态、位置关系不大。而汉城遗址片区则是遗址占地面积大，地下和地上遗存量也较大，在路网建设时必须考虑对遗址的保护，不能全然依据出行便利来规划路网，因此汉城遗址片区的道路具有其特殊性。

从图6-10～图6-12可以看出，汉城遗址片区的主要道路变化并不大，路网的变化主要集中在支路和尽端道路上。2002年该片区内的居民分布均匀，道路分布也呈现均质的特征。当时该片区尚存一些农田，因此路网形态与自然村非常相似。到了2010年，虽然农田已经消失，但是路网变化不大，仅在靠近城市干道的东侧出现了一小片住户密集的区域。在2016年，汉城遗址片区内已经整改为遗址保护区和居住区，可以看出，居住区紧密结合区域内的主要道路。整个汉城遗址片区的空间效率分布非常不均衡，居住区的空间效率很高，而且保存着自然生长的路网形态，这与其他两处遗址片区均不同，非常难得。遗址本体保护区的空间

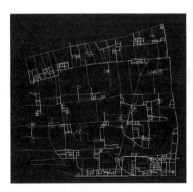

图 6-10　汉城片区 2002 年 NACH R500 分布图

图 6-11　汉城片区 2010 年 NACH R500 分布图

图 6-12　汉城片区 2016 年 NACH R500 分布图

效率则很低，这与保护措施有关，是必然的现象和空间效益为遗址保护所必需付出的牺牲。

在以上的数值观察中，仅对不同空间系统自身的变化进行了描述，但并未进行比较。在三个遗址片区空间系统变化的同时，西安市整体城市空间系统也在发生变化，那么三个年份中，这三组遗址片区空间系统对西安市的影响关系如何还需进一步考察。

6.1.5 三个遗址片区与西安市的数据比较

在本节的比较中，以西安市的NACH数值减去遗址片区同半径的NACH数值，二者的差可以看出遗址片区对于西安市在该数值上的影响是提升还是拉低。再以二者的差除以西安市原数值乘以100%，该百分比说明了遗址片区作用的强弱。在本节中，若影响幅度小于等于3%，则视为没有影响；影响幅度在3%~10%（含10%），则视为微弱影响；10%~30%（含30%）为中度影响；高于30%为影响显著。

1. 2002年三个遗址片区与西安市的数据比较

A：曲江与西安比较

从表6-5中可知，在2002年，曲江遗址片区对西安整体城市空间在半径为全局、10公里、5公里的NACH值基本上都没有影响。同时，曲江遗址片区的三个最高值低于西安市的最高值，也就是说，西安市城区内空间效率最高的街道没有出现在曲江片区。其中又以全局NACH数值相差最大，这也符合当时西安市的发展状况。在2002年，西安市南郊还没有发展起来，曲江区还未开始建设，城市空间发展较好的地段基本上是以南二环为南边界的。

曲江片区与西安 2002 年不同半径 NACH 值比较　　　　　表 6-5

	西安	曲江片区	差 （西安−曲江片区）	影响幅度%
平均值NACH Rn	0.790 397	0.805 023	−0.014 628	2（↑）
平均值NACH R10000	0.810 768	0.830 162	−0.019 394	2（↑）
平均值NACH R5000	0.825 446	0.842 378	−0.016 932	2（↑）
最大值NACH Rn	1.620 11	1.433 15	0.186 96	12（↓）
最大值NACH R10000	1.552 62	1.365 26	0.149 36	10（↓）
最大值NACH R5000	1.508 38	1.372 15	0.136 23	9（↓）

B：大明宫与西安比较

表6-6体现了大明宫片区与西安市在2002年的空间效率比较结果。2002年大明宫的各项NACH值与西安市更加接近，平均值基本没有变化，而最大值则与西

安市最大值相同，这说明大明宫片区的空间效率与西安市全城空间效率完全一致，该遗址片区与非遗址片区的空间作用是一样的。

大明宫片区与西安 2002 年空间效率比较　　　　　　　　　　　　　　　　　　　表 6-6

	西安	大明宫片区	差 （西安-大明宫）	影响幅度%
平均值NACH Rn	0.790 397	0.797 25	−0.006 855	1（↑）
平均值NACH R10000	0.810 768	0.819 499	−0.008 731	1（↑）
平均值NACH R5000	0.825 446	0.836 123	−0.010 677	1（↑）
最大值NACH Rn	1.620 11	1.620 11	0	0
最大值NACH R10000	1.552 62	1.552 62	0	0
最大值NACH R5000	1.508 38	1.508 38	0	0

　　C：汉城与西安比较

　　通过表6-7可见，汉城片区在2002年的空间效率尚可，与西安城市空间三个半径的NACH平均值相比虽然略高，不过高的幅度很小，仅有4%，对全城的影响很微弱。汉城片区三个半径的NACH最高值则与曲江片区的情况类似，小于西安市最高值，但幅度也不大。

汉城片区与西安 2002 年空间效率比较　　　　　　　　　　　　　　　　　　　　表 6-7

	西安	汉城片区	差 （西安-汉城片区）	影响幅度%
平均值NACH Rn	0.790 397	0.820 595	−0.030 2	4（↑）
平均值NACH R10000	0.810 768	0.841 961	−0.031 193	4（↑）
平均值NACH R5000	0.825 446	0.862 437	−0.036 991	4（↑）
最大值NACH Rn	1.620 11	1.520 31	0.099 8	6（↓）
最大值NACH R10000	1.552 62	1.459 52	0.093 1	6（↓）
最大值NACH R5000	1.508 38	1.423 24	0.085 14	5（↓）

2. 2010年三个遗址片区与西安市的数据比较

　　A：曲江与西安比较

　　到了2010年，曲江片区的平均值与西安市平均值更为接近，较2002年有了些微的提高，但依然幅度极小，可以忽略不计。三个最高值的情况与2002年也很相似，依然低于西安市，相差最大的也依旧是全局NACH。不过，对比两年的数值会发现，这一阶段的曲江遗址片区在空间效率上缓慢地追赶西安市，其差值在逐渐缩小（表6-8）。

曲江片区与西安 2010 年空间效率比较　　　　　　　　　　　　　　　　表 6-8

	西安	曲江片区	差（西安-曲江片区）	影响幅度%
平均值NACH Rn	0.596 026	0.592 675	0.003 351	1（↓）
平均值NACH R10000	0.908 272	0.915 943	−0.007 671	1（↑）
平均值NACH R5000	0.921 269	0.928 299	−0.007 03	1（↑）
最大值NACH Rn	1.083 89	0.963 661	0.120 229	11（↓）
最人值NACH R10000	1.501 78	1.417 66	0.084 12	6（↓）
最大值NACH R5000	1.483 92	1.395 52	0.088 4	6（↓）

B：大明宫与西安比较

观察表6-9发现，2010年的大明宫片区在六组数值上与西安市的比较结果基本与2002年完全一致，仅有半径5公里的NACH最大值略小于西安市，但幅度仅有4%，属于微弱影响。

大明宫片区与西安 2010 年空间效率比较　　　　　　　　　　　　　　表 6-9

	西安	大明宫片区	差（西安-大明宫）	影响幅度%
平均值NACH Rn	0.596 026	0.603 045	−0.007 019	1（↑）
平均值NACH R10000	0.908 272	0.912 1	−0.003 828	0（↑）
平均值NACH R5000	0.921 269	0.927 447	−0.006 178	1（↑）
最大值NACH Rn	1.083 89	1.083 89	0	0
最大值NACH R10000	1.501 78	1.471 77	0.030 01	2（↓）
最大值NACH R5000	1.483 92	1.424 55	0.059 37	4（↓）

C：汉城与西安比较

汉城遗址片区在2010年和西安市在三个半径下的NACH值的平均值与最大值都基本持平，这说明汉城遗址片区在这一阶段也没有太受到遗址的影响，和西安市其他非遗址地区的空间效率是一样的（表6-10）。

西安市大遗址保护对城市空间影响的量化分析

汉城片区与西安 2010 年空间效率比较　　　　　　　　　　　　　　　表 6-10

	西安	汉城片区	差 （西安−汉城片区）	影响幅度%
平均值NACH Rn	0.596 026	0.596 7	−0.000 674	0
平均值NACH R10000	0.908 272	0.911 201	−0.002 929	0
平均值NACH R5000	0.921 269	0.931 913	−0.010 644	0
最大值NACH Rn	1.083 89	1.049 01	0.034 88	3（↓）
最大值NACH R10000	1.501 78	1.501 78	0	0
最大值NACH R5000	1.483 92	1.483 92	0	0

3. 2016年三个遗址片区与西安市的数据比较

A：曲江与西安比较

通过观察表6-11会发现，2016年曲江片区的所有值与西安市相比都更加降低了。三个半径下的NACH平均值，曲江片区均比西安市全城低了大约4%，其中全局半径的NACH最大值比西安市低了10%，其幅度已经比较明显了，另外两个半径为10公里和5公里的NACH值则分别比西安市低6%和8%。也就是说，在这一时期，曲江遗址片区空间效率的平均水平都略低于西安城市空间的平均水平，同时曲江片区内空间效率最高的街道也与西安市空间效率最高的街道有了较明显的差距。值得注意的是，2016年曲江片区已经基本建设完毕，路网已经成型，但其全局NACH所表征的空间效率平均值却低于0.7，属于较差的水平。

曲江片区与西安 2016 年空间效率比较　　　　　　　　　　　　　　　表 6-11

	西安	曲江片区	差 （西安−曲江片区）	影响幅度%
平均值NACH Rn	0.581 164	0.558 461	0.022 703	4（↓）
平均值NACH R10000	0.840 422	0.808 576	0.031 846	4（↓）
平均值NACH R5000	0.853 32	0.820 896	0.032 424	4（↓）
最大值NACH Rn	1.155 12	1.044 41	0.110 71	10（↓）
最大值NACH R10000	1.544 46	1.447 05	0.097 41	6（↓）
最大值NACH R5000	1.540 37	1.421 52	0.118 85	8（↓）

B：大明宫与西安比较

大明宫遗址公园的建设是在2012年完成的，其周边街区的进一步改造更新目前仍在持续，但大的路网关系在2012年基本确立。从2016年的数据来看，大明宫遗址片区全局半径和5公里半径的NACH最高值与西安市持平，10公里半径的NACH最高值也基本与西安市保持一个水平。这一情况的出现应该是由于该区域紧邻城市南北主干道，并且与之有了较好的连接。同时，大明宫遗址片区和西安市三个半径下的NACH平均值也基本持平，前者仅略低了3%左右。这说明就路网关系而言，大明宫遗址片区与西安整体城市空间的空间效率是一样的（表6-12）。

大明宫片区与西安 2016 年空间效率比较　　　　　　　表 6-12

	西安	大明宫片区	差 （西安-大明宫）	影响幅度%
平均值NACH Rn	0.581 164	0.565 643	0.015 521	3（↓）
平均值NACH R10000	0.840 422	0.813 658	0.026 764	3（↓）
平均值NACH R5000	0.853 32	0.826 292	0.027 028	3（↓）
最大值NACH Rn	1.155 12	1.152 47	0.002 65	0
最大值NACH R10000	1.544 46	1.544 46	0	0
最大值NACH R5000	1.540 37	1.508 55	0.031 82	2（↓）

　　C：汉城与西安比较

　　如表6-13所示，汉城遗址片区在2016年各项数值与西安市的比较结果与大明宫、曲江均有明显不同。首先，汉城遗址片区的全局NACH平均值明显低于西安市的NACH平均值，其幅度高达37%。这意味着在2016年，汉城遗址片区在一定程度上拉低了西安市NACH平均值。这很可能是由于汉城遗址片区是三个遗址片区中，主要道路的位置形态受遗址影响最大，无法很好地与西安市主干道路网相结合的缘故。也就是说，从西安市较远的区域到达汉城遗址片区的交通成本是比较高的，这恐怕不利于该片区的宏观发展。其次，二者的10公里半径和5公里半径下NACH平均值有一定差异，西安市的平均值比汉城遗址片区低了9%。究其原因，很可能是由于汉城遗址片区的小路网保留了原有的自生长特征，而西安市的道路网从历史上就是人为规划的结果，其空间效率自然不如小规模的自然生长脉络。这一特征带来的好处在于，汉城遗址片区在10公里半径的范围内具有良好的交通出行效益，有利于吸引该范围内的区域资源。就三组半径下的NACH最大值来看，汉城遗址片区和西安市整体的差别不大。这应该与大明宫遗址片区的原因是一样的，都是靠近城市南北通道的缘故。

汉城片区与西安 2016 年空间效率比较				表 6-13
	西安	汉城片区	差（西安−汉城片区）	影响幅度%
平均值NACH Rn	0.581 164	0.362 131	0.219 033	37（↓）
平均值NACH R10000	0.840 422	0.918 579	−0.078 157	9（↑）
平均值NACH R5000	0.853 32	0.935 657	−0.082 337	9（↑）
最大值NACH Rn	1.155 12	1.131 48	0.023 64	2（↓）
最大值NACH R10000	1.544 46	1.502 53	0.041 93	3（↓）
最大值NACH R5000	1.540 37	1.482 34	0.058 03	4（↓）

6.2 空间效率动态对比

西安城市空间系统相对于三个遗址片区的空间系统来说是母系统，三个遗址片区是其子系统。前文就这四个系统在三个年份的空间效率进行了横向比较，但还不足以说明问题。这四个系统在时代的变迁中都处于动态变化之中，仅进行同一时期的横向比较并不能说明它们的动态发展关系。由于四个系统的起点不同，发展速度也不同，若想全面了解其空间效率的变化和相互影响，就需要进一步比较母系统与子系统之间的动态变化状况。

动态比较分为两部分，第一部分是四个空间系统自身的纵向比较，除了对数值大小的直观描述外，还要考察变化的幅度。这个幅度可以说明城市空间变化的速度，实际上，在2002～2010年和2010～2016年两个阶段里，西安市本身发生了巨大的变化，而这些变化并不是匀速发展的，本节就将更为细致地考察四个空间系统在两个时间阶段上的变化趋势和速度。

第二部分是从变化速度和方向上，对三个遗址片区与西安市的变化趋势作比较。由于在计算西安市整体空间效率的时候已经将三个遗址片区作为子系统包含在内，因此，如果遗址片区的动态变化速度快于西安市整体的变化速度，且二者变化趋向一致，就说明遗址片区加速了整个城市在这一趋向上的变化。若反之，遗址变化速度慢于西安市整体的变化速度，则意味着，尽管遗址也在产生这一趋向上的变化，但实际上，它减缓了整个城市在这个方向的动态发展。因此，动态比较可以更加准确地描述遗址片区对于西安城市空间效率的真实影响。

6.2.1 西安市2002年、2010年、2016年三组数据对比

如表6-14所示，首先考察西安市三个半径下NACH平均值的变化幅度，可以明显看出，2002～2010年的变化非常明显，全局半径的NACH值在这8年里下降

了24%，但是半径10公里和5公里的NACH平均值则升高了12%与11%。全局半径下的NACH最大值降低了33%，另外两个半径的NACH最大值基本没有变化。综合来看，西安的城市空间效率在大尺度上是明显降低了，这不利于机动车和全城范围内的出行效益。而且，由于NACH Rn平均值低于0.7，对于城市整体而言，其出行经济的投入产出比是很不理想的。不过，如果在半径10公里以下活动，则其出行经济相对较好，并且半径范围越小，出行的经济获益越高。这也可以在一定程度上说明，2010年的西安是一个更有利于非机动车和步行尺度的城市。2010～2016年的6年间，三个半径的NACH值略微降低。而三个半径下的NACH最大值则略有提升，这说明经过这6年的发展，西安的城市空间效率匀质化现象有所改变，城市空间的效率差异增强。

西安市2002年、2010年、2016年NACH变化 表6-14

	2002年	2010年	变化幅度%	2016年	变化幅度%
平均值NACH Rn	0.790 395	0.596 026	24（↓）	0.581 164	2（↓）
平均值NACH R10000	0.810 768	0.908 272	12（↑）	0.840 422	7（↓）
平均值NACH R5000	0.825 446	0.921 269	11（↑）	0.853 32	7（↓）
最大值NACH Rn	1.620 11	1.083 89	33（↓）	1.155 12	6（↑）
最大值NACH R10000	1.552 62	1.501 78	3（↓）	1.544 46	3（↑）
最大值NACH R5000	1.508 38	1.483 92	2（↓）	1.540 37	4（↑）

从图6-13～图6-15可以观察出空间效率高的街道集中在城市主干道上，这些道路的空间效率会随着穿越它们的街道数量的增加而增加。因此，这意味着到了2016年，西安市次要街道数量增多，且与主要道路联通性好，路网变得更加密集。至于三个时间段中，平均值的持续降低，应该还是由于存在大量尽端路而造成的。并且可以看出，2002～2010年NACH Rn平均值下降剧烈，R5000和R10000下降较小，而2010～2016年则相反，NACH Rn平均值下降微弱，R5000和R10000下降较大。这说明在第一阶段，尽端路出现在主要道路上较多，而小尺度道路相互连通较好。在第二阶段，主要道路的尽端路明显减少，反衬出小尺度街道的尽端路较多。由于小尺度的街道往往是延伸至小区、办公区、公园等的内部，其尽端现象是不可避免的，而城市主干道的尽端道路减少则是符合城市路网的良性发展的。

6.2.2 曲江遗址片区2002年、2010年、2016年三组数据对比

曲江遗址片区从2002年到2010年再到2016年两个阶段的变化是相对比较明显和多样的（表6-15）。全局半径的NACH值在持续下降，并且以第一阶段下降尤为剧烈。其原因很可能是两方面，一是在曲江新区建设的过程中，搬迁了大量原

图 6-13　西安市 2002 年 NACH Rn 数据分布图

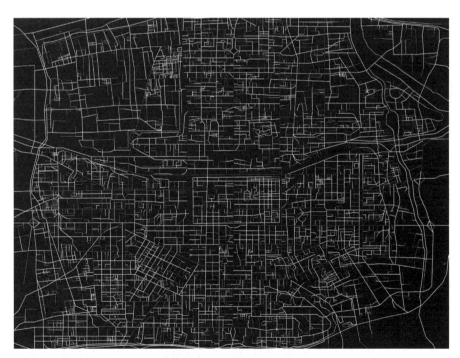

图 6-14　西安市 2010 年 NACH Rn 数据分布图

图 6-15　西安市 2016 年 NACH Rn 数据分布图

来的自然村而造成；二是曲江新区的规划目标以旅游、住宅、文教为主，以商业为次，因此建成后的道路网比其他非遗址区域要略微疏松一些，影响了街道穿行度的缘故。再来看半径10公里和半径5公里的NACH值的变化，从2002～2010年先上升了10%，随后到了2016年又下降了12%，从两端的年份来看，是基本持平了。也就是说，在度过了中间建设期的不稳定状态之后，曲江遗址片区的局部空间效率并没有太大变化。再次，观察全局NACH最高值，其表现为先降后升。第一阶段下降得非常严重，后一阶段虽有所上升，但还是没有达到原先的水平。这说明曲江片区内，空间效率最高的街道其全局穿行度（Choice）下降了，或者是它的全局深度（TD）上升了，总之人们到达该街道的出行效益不如2002年好。最后的两组数值NACH R10000和NACH R5000，从2002～2016年有缓慢上升，幅度都很小，不过也说明曲江片区局域空间效率有所提高，局域空间效率的提升对普通市民的日常生活有促进和繁荣的作用。

曲江片区 2002 年、2010 年、2016 年 NACH 变化　　　　　表 6-15

	2002年	2010年	变化幅度%	2016年	变化幅度%
平均值NACH Rn	0.805 023	0.592 675	26（↓）	0.558 461	6（↓）
平均值NACH R10000	0.830 162	0.915 943	10（↑）	0.808 576	12（↓）
平均值NACH R5000	0.842 378	0.928 299	10（↑）	0.820 896	12（↓）
最大值NACH Rn	1.433 15	0.963 661	33（↓）	1.044 41	8（↑）
最大值NACH R10000	1.403 26	1.417 66	1（↑）	1.447 05	2（↑）
最大值NACH R5000	1.372 15	1.395 52	2（↑）	1.421 52	2（↑）

6.2.3 大明宫遗址片区2002年、2010年、2016年三组数据对比

大明宫遗址片区在这十五年来的变化也是比较明显的，其中又以全局半径的NACH变化最为显著（表6-16）。NACH Rn的平均值在十五年间持续下降，前一阶段下降猛烈，后一阶段下降趋势减缓。其片区内的空间效率最大值先是显著下降，后又上升了6%。这些变化应该和大明宫遗址保护区先整改后更新、先搬迁后回迁的策略有关。与曲江遗址片区的情况近似，半径10公里和5公里下的NACH值都出现了先上升后下降的情况，最终的数值与2002年的数值基本持平。这两个半径下的最大值则是先下降后上升，2002年和2016年的数据也基本持平。综合来看，大明宫遗址片区截至目前的保护更新建设，在空间效率的层面尚未出现明显作用，2016年的城市空间效率与遗址区保护规划前的自然村状态相比，水平基本相当。

大明宫片区2002年、2010年、2016年NACH变化　　　　表6-16

	2002年	2010年	变化幅度%	2016年	变化幅度%
平均值NACH Rn	0.797 25	0.603 045	24（↓）	0.565 643	6（↓）
平均值NACH R10000	0.819 499	0.912 1	11（↑）	0.813 658	10（↓）
平均值NACH R5000	0.836 123	0.927 447	11（↑）	0.826 292	11（↓）
最大值NACH Rn	1.620 11	1.083 89	33（↓）	1.152 47	6（↑）
最大值NACH R10000	1.552 62	1.471 77	5（↓）	1.544 46	5（↑）
最大值NACH R5000	1.508 38	1.424 55	6（↓）	1.508 55	6（↑）

6.2.4 汉城遗址片区2002年、2010年、2016年三组数据对比

汉城遗址保护区的变化与曲江和大明宫又不尽相同。其全局半径下的NACH平均值与最大值变动非常戏剧性。在2002～2010年的第一阶段，其下降幅度都在30%上下，非常剧烈。其后的2010～2016年第二阶段，NACH Rn平均值继续猛烈下降了39%，虽然最高值又回升8%，但总体而言，依然说明了这个区域的全局空间效率下降严重。结合目前大明宫遗址片区的城市面貌来看，也确实与此数据的变化相一致，无论是热闹的居民区还是商业、办公等标志城市生活繁荣景象的场所，在汉城遗址片区内都不容易见到。另外两个半径的NACH平均值和最高值变化都不大，在第一阶段均有不到10%的轻微上升，第二阶段持平。这应该是依赖遗址片区内保有的小规模城中村与城市道路连接性较好而产生的现象（表6-17）。

汉城片区 2002 年、2010 年、2016 年 NACH 变化　　　　　表 6-17

	2002年	2010年	变化幅度%	2016年	变化幅度%
平均值NACH Rn	0.820 595	0.596 7	27（↓）	0.362 131	39（↓）
平均值NACH R10000	0.841 961	0.911 201	8（↑）	0.918 579	1（↑）
平均值NACH R5000	0.862 437	0.931 913	8（↑）	0.935 657	0
最大值NACH Rn	1.520 31	1.049 01	31（↓）	1.131 48	8（↑）
最大值NACH R10000	1.459 52	1.501 78	3（↑）	1.502 53	0
最大值NACH R5000	1.423 24	1.483 92	4（↑）	1.482 34	0

6.2.5　2002～2016年三个遗址片区与西安市的变化速度与趋势对比

前文对西安市及三个遗址片区的动态变化进行了分析，本节侧重于比较西安市和遗址片区的变化趋向和幅度，通过对变化趋向和幅度的对比，可以进一步看出遗址区对整个城市的空间系统在各个半径下的空间效率上所起到的动态作用。

A：曲江遗址片区与西安的比较

如表6-18所示，2002～2010年，西安城市空间的全局NACH平均值下降了24%，曲江遗址片区下降了26%，二者都呈下降趋势，曲江的下降速度略微快于西安市。2010～2016年，西安市NACH Rn平均值轻微降低2%，曲江遗址片区降低6%，下降速度明显快于西安市。对于半径10公里和5公里的NACH平均值，西安市在第一阶段分别上升了12%和11%，第二阶段都下降了7%。而曲江遗址片区的这两组值在第一阶段上升10%，第二阶段下降12%，其上升速度慢于西安市，而下降速度快于西安市。因此，就三个半径下的NACH平均值比较来看，曲江遗址片区对西安市整体城市空间效率的动态影响是不利的。再考察三个半径下的NACH最大值，会发现曲江遗址片区和西安市的动态发展基本保持一致，并没有减缓或者加速该值的变化，遗址片区对全市空间的作用在空间效率上可以忽略不计。

曲江遗址片区与西安市 NACH 变化幅度比较　　　　　表 6-18

单位（%）

	西安2002~ 2010年变幅	曲江2002~ 2010年变幅	西安2010~ 2016年变幅	曲江2010~ 2016年变幅
平均值NACH Rn	24（↓）	26（↓）	2（↓）	6（↓）
平均值NACH R10000	12（↑）	10（↑）	7（↓）	12（↓）
平均值NACH R5000	11（↑）	10（↑）	7（↓）	12（↓）
最大值NACH Rn	33（↓）	33（↓）	6（↑）	8（↑）
最大值NACH R10000	3（↓）	1（↑）	3（↑）	2（↑）
最大值NACH R5000	2（↓）	2（↑）	4（↑）	2（↑）

西安市大遗址保护对城市空间影响的量化分析

B：大明宫遗址片区与西安比较

如表6-19所示，大明宫遗址片区在前后两个阶段的六组NACH数值变化趋势与西安市完全保持一致，大部分数值的变化幅度也基本相同。仅有在2010~2016年期间，NACH Rn和NACH R10000的平均值与2002~2010年期间的NACH R5000的最大值变化幅度略微大于西安市，且都是下降得更快。这说明，大明宫遗址片区的发展对西安市全城的空间效率作用非常微弱，这种微弱的作用也和曲江遗址片区一样是不利的因素。

大明宫遗址片区与西安市 NACH 变化幅度比较　　　　　　　　表 6-19

单位（％）

	西安2002~2010年变幅	大明宫2002~2010年变幅	西安2010~2016年变幅	大明宫2010~2016年变幅
平均值NACH Rn	24（↓）	24（↓）	2（↓）	6（↓）
平均值NACH R10000	12（↑）	11（↑）	7（↓）	10（↓）
平均值NACH R5000	11（↑）	11（↑）	7（↓）	11（↓）
最大值NACH Rn	33（↓）	33（↓）	6（↑）	6（↑）
最大值NACH R10000	3（↓）	5（↓）	3（↑）	5（↑）
最大值NACH R5000	2（↓）	6（↓）	4（↑）	6（↑）

C：汉城遗址片区与西安比较

相比较前两个遗址片区，汉城遗址片区的作用就要明显得多。观察全局半径下的NACH平均值，虽然在2002~2010年期间，汉城在该数值上的变化趋势和幅度与西安市基本一致，但是到了2010~2016年，西安市在该值上仅下降了3%，而汉城则骤减39%，其变化速度远远高于西安市。可想而知在这一时间段内，汉城遗址片区实际上是加重了西安城市空间效率的恶化的。西安市在第一阶段，半径为10公里范围内的NACH平均值上升了12%，汉城遗址片区则上升8%，虽然都有所上升，但汉城片区幅度小，说明它减缓了西安市的上升速度。到了第二阶段，西安市全城空间效率下降了7%，汉城上升了1%，虽然汉城的上升幅度可以忽略不计，但是在全城空间效率下降的情况下，汉城片区维持不变，则意味着它对西安在该数值上的恶化有着缓解作用。同样的，在半径5公里范围内的NACH平均值，也同样出现了与NACH R10000相似的情况。即在第一阶段，汉城遗址片区对西安的城市空间效率影响是不利的，但第二阶段却转变为良性的影响。在三组最大值变化幅度的比较上，第一阶段的NACH R10000最大值变幅差异较大，西安市下降3%，汉城上升3%，其余变化基本一致（表6-20）。

单位（%）

	西安2002~2010年变幅	汉城2002~2010年变幅	西安2010~2016年变幅	汉城2010~2016年变幅
平均值NACH Rn	24（↓）	27（↓）	2（↓）	39（↓）
平均值NACH R10000	12（↑）	8（↑）	7（↓）	1（↑）
平均值NACH R5000	11（↑）	8（↑）	7（↓）	0
最大值NACH Rn	33（↓）	31（↓）	6（↑）	8（↑）
最大值NACH R10000	3（↓）	3（↑）	3（↑）	0
最大值NACH R5000	2（↓）	4（↑）	4（↑）	0

6.3 小结

综上所述，就空间效率这个指标来说，抛开其中间过程的变化，三个遗址片区对于西安市全城空间效率的影响都不十分显著。西安市在全局范围内的空间效率平均水平有所下降，同时局域空间下效率则基本保持不变，就具体NACH的数值来看在0.8左右，属于中等偏低水平。而三个遗址片区中，仅有尚未建设完成的汉城遗址片区对西安市全城空间效率起到了有限的良性作用，但三个片区的全局NACH数值都低于0.7，可以说空间效率是比较低下的。

空间效率只是城市空间品质的其中一项指标，它表征了街道被穿行的概率和到达该街道的难度之间的比值。考察该指标的主要意义在于了解在该区域的自发性社会活动和商业活动。由于遗址保护区的特殊要求，使得它们并不利于这类现象的发生，是完全可以想见的。但是，如果能够加强遗址片区的空间效率，无疑会有益于遗址片区更加顺利地融入城市图景。

如第三章所述，社区吸引力的分析分为两步，首先考察由整合度（Integration）所体现的吸引点的强度，以及由选择度（Choice）所体现的过程中心性的强度；再将两个数值相乘获得社区吸引力数值，根据该数值进行静态比较和动态比较。通过静态、动态比较，分析在相同时间段内三个遗址片区对于整体西安市空间系统的影响，以及在动态时间轴上，三个遗址片区对西安市的作用是良性还是恶性。

7.1 基于整合度的吸引点分析

7.1.1 西安市数据描述：2002年、2010年、2016年

从三个半径下整合度的平均值来观测（表7-1），全局整合度从2002～2016年在持续上升，这说明西安城市空间的核心凝聚力在大尺度范围内有所提升，而且从2010～2016年的六年间提升尤其显著。半径10公里的整合度则在2010年有轻微下跌，随后到2016年则上升，就最终数值来说与2002年相比有轻微提升。半径5公里的整合度变化趋势与Integration R10000相同，先降后升，但到2016年的最终整合度数值则没有升回到2002年的水平，相较而言有一定程度的降低。综合来说，西安市内的空间吸引点的吸引强度在倾向于宏观尺度上增强，而在倾向于小尺度上则趋于减弱。

西安市整合度（Integration）数值表　　　　　　　　　　　　　　表 7-1

	2002年	2010年	2016年
平均值INT Rn	498 043	539 779	1 411 580
平均值INT R10000	292 064	224 626	314 395
平均值INT R5000	106 312	769 52.2	95 590.8

	2002年	2010年	2016年
最大值INT Rn	829 665	863 322	1 281 750
最大值INT R10000	680 531	547 480	880 094
最大值INT R5000	291 547	176 654	571 861

就最大值来说，三个半径下的整合度最大值无论在2010年是升是降，在2016年都达到了最高。由于社区吸引力主要考察一定范围内居民产生心理凝聚力的可能性，因此考察半径不宜过大，故而在整合度最大值的考量中，重点观察半径5公里的数值。

从图7-1～图7-3来看，半径5公里的整合度最高值在2002年、2010年和2016年的出现位置有所变化。在2002年其最高值出现在城市南北、东西的大轴线上，并明显地呈现中心区域集中、逐渐向四周均匀扩散降低的现象。城市中三大遗址区对于5公里整合度的分布影响基本没有。到了2010年，唐大明宫遗址周边的局部整合度明显下降，同时在唐大明宫和汉长安城的中间区域偏北一点，出现了一个小的组团，这个组团的Integration R5000高于周边，易于形成良好的社区吸引力。但这个组团与城市中心区域有着明显的断裂。在2016年，Integration R5000的分布又出现了变化，原来大明宫遗址与汉城遗址中间偏北部的组团与城市中心区通过三条南北向交通连接到了一起。同时，与2002年最高值分布呈东西

图 7-1　2002 年西安市 INT R5000

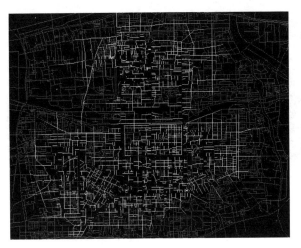

图 7-2　2010 年西安市 INT R5000

图 7-3　2016 年西安市 INT R5000

向延伸不同，2016年的最高值更多地呈南北向延伸。除曲江池遗址区外，大明宫遗址和汉城遗址对于整合度最高值的抑制都较明显。

7.1.2　曲江遗址片区数据描述：2002年、2010年、2016年

通过表7-2观察曲江遗址片区的数据情况，从2002～2016年曲江遗址片区的全局整合度平均值持续升高，并且在近6年增长了20多倍。以10公里为半径的整合度平均值虽然在2010年有所下降，但到了2016年则快速增长并超过了2002年的起始值。半径5公里的整合度数值变化趋势与前者相同，也在2016年达到最高。三个半径下的整合度最大值与平均值的变化情况相同，不做赘述，可从图7-4～图7-6来进一步分析。

曲江片区整合度（Integration）数值表　　　　　　　　　　　　　　　表 7-2

	2002年	2010年	2016年
平均值INT Rn	464 129	477 170	1 268 160
平均值INT R10000	240 032	174 462	291 949
平均值INT R5000	72 212.5	59 067	83 180.8
最大值INT Rn	731 689	758 090	2 022 230
最大值INT R10000	483 657	381 297	681 919
最大值INT R5000	194 397	141 730	229 793

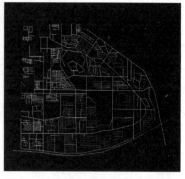

图 7-4　2002 年曲江遗址片区 INT R5000　　图 7-5　2010 年曲江遗址片区 INT R5000　　图 7-6　2016 年曲江遗址片区 INT R5000

从三幅图的比较来看，这三个时间段中，曲江遗址片区的整合度都有从西北角向东南角逐渐降低的趋势，最高值都出现在城市主要的交通通廊上（西侧翠华路和北侧西影路）。不过，2016年整合度值的分布相比较而言更均匀一些，从高到低的过渡比较平缓。同时，雁塔路的整合度有明显提高，曲江片区内部的路网更加完整，环绕曲江池隐约出现整合度较高的一个环路，这些变化都说明该片区在5公里半径下的空间整合度分布逐渐优化，并有利于出现较好的社区吸引点。

7.1.3 大明宫遗址片区数据描述：2002年、2010年、2016年

通过表7-3的数据可见，大明宫遗址片区的整合度变化情况与曲江相似。全局整合度平均值也是一路走高，并在2010～2016年间飙升。半径10公里整合度平均值先降后升，在2016年达到最高。但是与大明宫遗址片区变化不同的是半径5公里的整合度平均值，虽然该值也是先降后升的变化趋势，但却并未能够在2016年达到最高，而是略微低于2002年的起始值。三个半径下的整合度最大值变化与其平均值变化相同。这六组数值的变化，说明该片区近年来的局部吸引力增强，同时，相比行人，对机动车的吸引力提升明显，这对于形成以人的活动范围为尺度的社区吸引点来说，并非好事。

大明宫片区整合度（Integration）数值表　　　　　　　　　　表 7-3

	2002年	2010年	2016年
平均值INT Rn	495 977	535 225	1 441 050
平均值INT R10000	344 878	278 462	423 568
平均值INT R5000	124 388	80 508.9	122 643
最大值INT Rn	820 240	863 022	2 219 950
最大值INT R10000	658 038	537 444	848 308
最大值INT R5000	265 799	160 125	261 242

图 7-7　2002 年大明宫遗址片区 INT R5000　　图 7-8　2010 年大明宫遗址片区 INT R5000　　图 7-9　2016 年大明宫遗址片区 INT R5000

从大明宫遗址片区的整合度分布来看（图7-7～图7-9），三个年份的分布变化差别不大。首先，整合度均从城市中心开始向外围降低，在三幅图中表现为从图面左下角向右上角扩散并下降。其中2010年的这一趋势不明显，但依然呈现从左侧向右侧（从西至东）减弱的现象。其次，该片区明显出现了一个包围遗址公园的、整合度较高的环形路网，在该环路的内部，整合度逐渐降低。这个特点非常典型地说明了遗址公园对于社区吸引点形成的影响。由于大明宫遗址公园的存在，越靠近公园区域，随着道路数量的减少和路网的形态改变，整合度必然有所下降，因此人们的生活空间会以稍微离开遗址公园一段距离的主要交通道路为中心展开，社区组团的形态也因此呈带状出现。

7.1.4　汉城遗址片区数据描述：2002年、2010年、2016年

在三个遗址片区中，汉城遗址的整合度变化是最为剧烈的。如表7-4所示，单从数值来看，三个半径下的整合度平均值和最大值都呈明显的上升趋势，其中又以全局整合度的上升最为剧烈。从整合度的分布来看，由于遗址片区内城中村拆、改建的影响，最高值的分布位置也有所变化。虽然总体依然是从片区靠近城市中心的东侧向西侧、由高向低过渡，但其最大值组团的位置则略有变化。2002年的最高值中心组团出现在紧邻东侧城市干道的东南角，2010年则由于居住区的建设而向北移动，到了2016年其中心又向南回移，并且在片区内部的斜向道路上出现了较明显的次一级组团。

汉城片区整合度（Integration）数值表　　　　　　　　　　　　　　　　表 7-4

	2002年	2010年	2016年
平均值INT Rn	491 511	515 570	1 441 050
平均值INT R10000	239 344	198 452	423 568
平均值INT R5000	70 005.7	66 079.5	122 643

	2002年	2010年	2016年
最大值INT Rn	782 656	851 147	2 219 950
最大值INT R10000	599 436	498 020	848 308
最大值INT R5000	215 469	146 261	261 242

在三个遗址片区中，汉城遗址片区的建设是最晚的，其遗址的分布面积也最大、最分散。从目前该片区的路网来看，其居住区域和遗址本体保护区域的结合也是最为紧密的。而且，在该片区内，并未出现整合度从遗址外围向内降低的趋势，相反，观察2016年的整合度分布图，会发现遗址片区内部也有着出现较高整合度组团的倾向。因此，可以说汉城遗址片区的社区形态正在逐步形成，且有着与遗址融合共生的良好趋势（图7-10~图7-12）。

7.2 选择度分析

7.2.1 西安市数据描述：2002年、2010年、2016年

与整合度值所反映的到达性聚集不同，选择度值反映了街道被穿越的可能性，即过程的中心性。通过考察选择度值，可以衡量街区聚集人气的潜在能力，因此也是社区吸引力形成的另一个正向指标。

从西安城市的选择度变化来看（表7-5），全局选择度平均值先升后降，2016年的全局选择度最终略低于2002年。半径10公里选择度值则先降后升，到2016年该值也略低于2002年。半径5公里选择度值也是先下降，后有一定上升，但最终依然低于2002年的数值。综合来看，西安市的选择度平均值都是下降的，说明街道的平均被穿越性降低了。而选择度最大值的变化则与平均值不同。全局选择度和

图 7-10　2002 年汉城遗址片区 INT R5000

图 7-11　2010 年汉城遗址片区 INT R5000

图 7-12　2016 年汉城遗址片区 INT R5000

半径10公里选择度的最大值虽在2002年降低，但最终是高于2002年的，只有半径5公里选择度的最大值在2016年略微低于2002年，这说明西安市的选择度最大与最小值在2016年的差距远大于2002年，否则不会出现平均值下降而最大值升高的情况。

西安市选择度（Choice）数值表　　　　　　　　　　　　　　　　表 7-5

	2002年	2010年	2016年
平均值CHO Rn	1.967 76 E+10	2.475 61 E+10	1.098 51 E+10
平均值CHO R10000	6.389 74 E+9	4.525 8 E+9	6.157 92 E+9
平均值CHO R5000	1.137 07 E+9	7.005 56 E+8	9.053 61 E+8
最大值CHO Rn	1.263 19 E+12	8.869 2 E+10	8.970 53 E+12
最大值CHO R10000	3.122 51 E+11	8.289 06 E+10	3.965 57 E+11
最大值CHO R5000	3.553 99 E+10	7.063 54 E+9	3.482 07 E+10

从半径5公里的选择度全城分布情况来看，2002年、2010年和2016年的变化并不大，选择度高的路段都是城市中的主要南北、东西干道，并且遗址区部分明显选择度不高。选择度值虽然也呈现从城市中心向外缘衰减的态势，但衰减的程度没有整合度那么明显，总体而言，半径5公里选择度较高的街道在城市内分布比较均匀，有着明显的方格路网城市的特征（图7-13～图7-15）。

7.2.2 曲江遗址片区数据描述：2002年、2010年、2016年

如表7-6数据显示，曲江遗址片区的全局选择度平均值前两个年份差别不大，在2016年明显拔高。半径10公里与5公里的选择度平均值都呈现先降后升的变化，但前者最终在2016年反超2002年数值，而后者则最终略低于2002年的起始值。三个半径下的选择度最大值则同样是经历了下降然后上升的过程，但最终都在

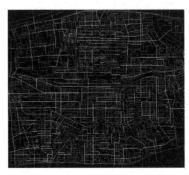

图 7-13　2002 年西安市 CHO R5000　　　图 7-14　2010 年西安市 CHO R5000　　　图 7-15　2016 年西安市 CHO R5000

2016年达到最高。综合来说，曲江片区的选择度在2002～2016年期间是提高了的，这意味着曲江片区在大范围内的街道穿越性增强，但小范围的出行则没有明显变化。就其对过程中心性的影响来看，由于小尺度上变化微弱，故其影响也没有显著的变化。

曲江片区选择度（Choice）数值表   表7-6

	2002年	2010年	2016年
平均值CHO Rn	1.126 5 E +10	1.181 63 E +10	5.096 62 E +10
平均值CHO R10000	4.738 43 E +9	3.587 76 E+9	5.722 33 E+9
平均值CHO R5000	9.266 27 E+8	6.729 61 E+8	8.921 59 E+8
最大值CHO Rn	1.974 33 E+11	1.548 7 E+10	1.528 75 E+12
最大值CHO R10000	7.055 98 E+10	3.705 47 E+10	1.456 85 E+11
最大值CHO R5000	1.054 23 E+10	4.998 81 E+9	1.599 98 E+10

曲江遗址片区从2002～2016年的路网改造变化很大，选择度值也自然随之产生变化。虽然从片区西北角向东南角逐渐降低的大趋势没有变化，但可以明显看出选择度的分布更加均匀，从高向低衰减的程度也渐趋平缓。同时，遗址片区的内部也出现了越来越多的选择度较高的道路，从这个角度来说，有利于曲江遗址片区的过程中心性的形成（图7-16～图7-18）。

7.2.3 大明宫遗址片区数据描述：2002年、2010年、2016年

大明宫遗址片区的六组选择度值也大部分呈上升的状态。全局半径和10公里半径选择度平均值与最大值都有所提升，半径5公里的选择度平均值和最大值则轻微下降，但变化不大。综合来说，大明宫遗址片区的道路在大尺度上的穿越性增强的幅度更加明显，而越是小范围，其穿越性的增强就比较微弱甚至轻微地降

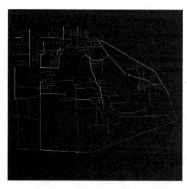  

图7-16 2002年曲江遗址片区 CHO R5000　　图7-17 2010年曲江遗址片区 CHO R5000　　图7-18 2016年曲江遗址片区 CHO R5000

低了。这对于机动车来说是更加便利的，但是行人穿行则优化不明显。就其对过程中心性的影响来看，由于小尺度上变化微弱，可以说明大明宫片区的改造对该片区过程中心性的形成没有明显的帮助（表7-7）。

大明宫片区选择度（Choice）数值表　　　　　　　　　　　表7-7

	2002年	2010年	2016年
平均值CHO Rn	3.234 6 E+10	5.389 34 E+10	1.781 79 E+11
平均值CHO R10000	1.064 8 E+10	8.220 25 E+9	1.284 82 E+10
平均值CHO R5000	1.720 74 E+9	8.868 91 E+8	1.547 84 E+9
最大值CHO Rn	1.263 19 E+11	8.869 2 E+11	7.060 82 E+12
最大值CHO R10000	3.122 51 E+11	8.289 06 E+10	3.934 79 E+11
最大值CHO R5000	3.553 99 E+10	7.063 54 E+9	3.409 99 E+10

　　如图7-19～图7-21所示，从2002～2016年的大明宫遗址片区半径5公里选择度的分布来看，最外侧的四条道路始终是选择度最高的区域，但变化在于2010年之前北侧道路的选择度高于南侧道路，而到了2016年则是南侧道路高于北侧。由于西安城市中心位置位于大明宫遗址片区的南侧，二者之间相隔铁路与火车站，在2010年之前，大明宫遗址片区及其以北地区都相对孤立，以铁路为界，和西安城市中心的交通联系较少，因而造成了靠近城市中心的道路（片区南侧道路）的选择度反而偏低的现象。而2016年的变化则在一定程度上说明了大明宫遗址片区逐渐融合进了西安城市空间系统。从遗址区内部的路网选择度分布来看，经过了2010年的整改，2016年的路网在一定程度上还原了原有的道路状态，但更加接近城市脉络，并且选择度的分布也有明显的从主干道向内部道路逐渐降低的现象，遗址片区内部并未形成小组团。

图7-19　2002年大明宫遗址片区CHO R5000　　图7-20　2010年大明宫遗址片区CHO R5000　　图7-21　2016年大明宫遗址片区CHO R5000

7.2.4 汉城遗址片区数据描述：2002年、2010年、2016年

汉城遗址片区的选择度变化与前两个片区有较大不同（表7-8）。全局选择度平均值与最大值从2002～2016年都持续上升，且近6年升高速度较快。半径10公里选择度的平均值和最大值则先下降后升高，并最终都在2016年达到最大。半径5公里选择度平均值持续升高，最大值则是先下降后升高，但是也在2016年达到最大。因此，总体来说，不论是大尺度范围还是5公里范围，汉城遗址片区2016年的选择度都高于2002年的选择度值，这无疑对形成良好的过程中心性是有所帮助的。

汉城片区选择度（Choice）数值表 表 7-8

	2002年	2010年	2016年
平均值CHO Rn	2.883 51 E+10	2.983 35 E+10	2.093 69 E+11
平均值CHO R10000	7.441 55 E+9	4.523 19 E+9	9.738 5 E+9
平均值CHO R5000	8.496 3 E+7	6.401 79 E+8	1.189 9 E+9
最大值CHO Rn	5.446 42 E+12	6.697 69 E+11	8.970 53 E+12
最大值CHO R10000	1.375 2 E+11	5.909 18 E+10	2.280 03 E+11
最大值CHO R5000	1.501 39 E+10	6.857 19 E+9	2.005 48 E+10

汉城遗址片区的规划建设到目前尚未结束，通过观察图7-22～图7-24可以发现，其遗址片区的路网变化主要体现在密度的变化上，其形态布局没有大的改变。但即便仅仅是路网密度的变化，也依然带来了选择度的分布改变。在2002年，整个汉城遗址片区的选择度分布基本均匀，除了连接城市主要道路（片区最东侧道路）的选择度较高，其余主要道路的选择度没有明显的差异。

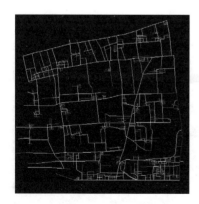

图 7-22　2002 年汉城遗址片区 CHO R5000　　图 7-23　2010 年汉城遗址片区 CHO R5000　　图 7-24　2016 年汉城遗址片区 CHO R5000

西安市大遗址保护对城市空间影响的量化分析

2010年，遗址片区内部的主要道路选择度差异依然不大，但是片区东侧的主干道选择度明显增高，遗址片区的选择度开始有从东向西逐渐递减的趋势。2016年，这一递减的趋势已经非常明显，同时，在遗址区内部出现了一个小的选择度较高的组团。这意味着，汉城遗址片区与西安城市空间系统的衔接越来越紧密，同时该片区内也出现了小的交通核心，这对于整个遗址片区的过程中心性的形成有着良好的作用。

7.3 社区吸引力静态对比

为了进一步考察西安市全城以及三大遗址片区的空间变化，本文引入了社区吸引力这一概念，该值由同一半径下的整合度和选择度相乘而得，可以更加直观、综合地体现片区的空间属性是否有利于形成良好的社区吸引力。通过比较西安市和遗址片区的社区吸引力数值，可以考察遗址片区对于西安市全城的影响在某一时间段是良性还是恶性。

7.3.1 西安市与曲江遗址片区

从表7-9~表7-11的计算数据中可知，2002年西安市的社区吸引力普遍高于曲江，曲江遗址片区拉低了西安市的社区吸引力水平，且影响幅度在不同半径上都比较大，在40%上下。到了2010年，曲江遗址片区对于西安市的不良影响依然存在，但是其影响幅度产生了一些变化。全局半径下的影响幅度增大了，而半径5公里的影响幅度则减小了。到了2016年，曲江遗址片区对西安市的社区吸引力影响产生了巨大的变化，全局半径下的影响从恶性转变为良性，拉高了西安市的社区吸引力平均值。而另外两个半径下的恶性影响虽然依旧存在，但其影响幅度却大大降低。

曲江片区与西安 2002 年不同半径社区吸引力比较　　　　　　　　　　表 7-9

	西安	曲江片区	差 （西安-曲江片区）	影响幅度%
2002社区吸引力 平均值Rn	9.800 29 E+15	5.228 41 E+15	4.571 88 E+15	47（↓）
2002社区吸引力 平均值 R10000	1.866 21 E+15	1.137 37 E+15	7.288 38 E+14	39（↓）
2002社区吸引力 平均值 R5000	1.208 84 E+14	6.691 41 E+13	5.397 01 E+13	47（↓）

曲江片区与西安 2010 年不同半径社区吸引力比较　　　　　　表 7-10

	西安	曲江片区	差 （西安-曲江片区）	影响幅度%
2010社区吸引力 平均值Rn	1.336 28E+16	5.638 38E+15	7.724 44E+15	58（↓）
2010社区吸引力 平均值 R10000	1.016 61E+15	6.259 28E+14	3.906 85E+14	38（↓）
2010社区吸引力 平均值 R5000	5.390 93E+13	3.974 98E+13	1.415 95E+13	26（↓）

曲江片区与西安 2016 年不同半径社区吸引力比较　　　　　　表 7-11

	西安	曲江片区	差 （西安-曲江片区）	影响幅度%
2016社区吸引力 平均值Rn	1.550 63E+16	6.463 33E+16	−4.912 69E+16	32（↑）
2016社区吸引力 平均值 R10000	1.936 02E+15	1.670 63E+15	2.653 91E+14	14（↓）
2016社区吸引力 平均值 R5000	8.654 42E+13	7.421 05E+13	1.233 37E+13	14（↓）

7.3.2 西安市与大明宫遗址片区

　　大明宫遗址片区在2002年对西安市的全局半径社区吸引力影响为恶性影响，且影响幅度较大。但是，在10公里半径与5公里半径下则影响为良性，且影响幅度也较大（表7-12）。到2010年，三个半径下的影响幅度均转变为良性，影响幅度则以10公里半径为最大，全局半径次之，都超过了100%，5公里半径较小，仅为32%（表7-13）。2016年，大明宫遗址片区对于西安市的社区吸引力影响依然保持良性，且影响幅度持续升高，三个半径下的影响幅度都超过了100%（表7-14）。

大明宫片区与西安 2002 年不同半径社区吸引力比较　　　　　　表 7-12

	西安	大明宫片区	差 （西安-大明宫片区）	影响幅度%
2002社区吸引力 平均值Rn	9.800 29E+15	8.657 65E+13	9.713 71E+15	99（↓）
2002社区吸引力 平均值 R10000	1.866 21E+15	3.672 26E+15	−1.806E+15	96（↑）
2002社区吸引力 平均值 R5000	1.208 84E+14	2.140 39E+14	−9.315 5E+13	77（↑）

大明宫片区与西安 2010 年不同半径社区吸引力比较　　　　　表 7-13

	西安	大明宫片区	差 （西安−大明宫片区）	影响幅度%
2010社区吸引力 平均值Rn	1.336 28E+16	2.884 51E+16	−1.548 23E+16	116（↑）
2010社区吸引力 平均值 R10000	1.016 61E+15	2.289 03E+15	−1.272 41E+15	125（↑）
2010社区吸引力 平均值 R5000	5.390 93E+13	7.140 26E+13	−1.749 33E+13	32（↑）

大明宫片区与西安 2016 年不同半径社区吸引力比较　　　　　表 7-14

	西安	大明宫片区	差 （西安−大明宫片区）	影响幅度%
2016社区吸引力 平均值Rn	1.550 63E+16	2.567 65E+17	−2.412 59E+17	156（↑）
2016社区吸引力 平均值 R10000	1.936 02E+15	5.442 09E+15	−3.506 07E+15	181（↑）
2016社区吸引力 平均值 R5000	8.654 42E+13	1.898 32E+14	−1.032 88E+14	119（↑）

7.3.3 西安市与汉城遗址片区

如表7-15，汉城遗址片区的社区吸引力在2002年对西安市的影响也是有利有弊，其全局半径的社区吸引力高于西安市平均水平，因此对全市起到了良性的提升作用。而随着半径的缩小，其影响则逐渐转为恶性，且影响幅度也渐渐增大。半径5公里下，汉城遗址片区的恶性影响幅度已增强到95%。到了2010年（表7-16），汉城遗址片区三个半径下的社区吸引力都更加接近西安市平均水平，无论是良性影响还是恶性影响，其影响幅度都有所减弱。到了2016年（表7-17），汉城遗址片区的社区吸引力则持续上升，并且超过了西安市平均水平。在三个半径上，对西安市都起到了提升作用，而且其影响幅度都比较大。其中，全局半径下的良性影响最为显著，达到了185%，即便是影响幅度最小的5公里半径也有69%。

汉城片区与西安 2002 年不同半径社区吸引力比较　　　　　表 7-15

	西安	汉城片区	差 （西安−汉城片区）	影响幅度%
2002社区吸引力 平均值Rn	9.800 29E+15	1.417 28E+16	−4.372 48E+15	45（↑）

	西安	汉城片区	差 （西安-汉城片区）	影响幅度%
2002社区吸引力 平均值 R10000	1.866 21E+15	1.781 09E+15	8.512 27E+13	5（↓）
2002社区吸引力 平均值 R5000	1.208 84E+14	5.947 89E+12	1.149 36E+14	95（↓）

汉城片区与西安 2010 年不同半径社区吸引力比较　　　　　　　　　　表 7-16

	西安	汉城片区	差 （西安-汉城片区）	影响幅度%
2010社区吸引力 平均值Rn	1.34E+16	1.538 13E+16	−2.018 43E+15	15（↑）
2010社区吸引力 平均值 R10000	1.02E+15	8.976 36E+14	1.189 76E+14	12（↓）
2010社区吸引力 平均值 R5000	5.39E+13	4.230 27E+13	1.160 66E+13	22（↓）

汉城片区与西安 2016 年不同半径社区吸引力比较　　　　　　　　　　表 7-17

	西安	汉城片区	差 （西安-汉城片区）	影响幅度%
2016社区吸引力 平均值Rn	1.55E+16	3.017 11E+17	−2.862 05E+17	185（↑）
2016社区吸引力 平均值 R10000	1.94E+15	4.124 92E+15	−2.188 9E+15	113（↑）
2016社区吸引力 平均值 R5000	8.65E+13	1.459 33E+14	−5.938 87E+13	69（↑）

7.4 社区吸引力动态对比

　　西安城市空间系统和三个遗址片区的空间系统在时间上都是不断变化的，通过静态对比，可以看出在某一时间节点的遗址片区对西安市的影响作用，但二者的动态变化则无法直观地表现出来，因此，需进一步考察二者的动态关系来探索遗址片区对于西安市的动态影响是怎样的。

7.4.1 西安市与曲江遗址片区

　　首先，依然考察曲江遗址片区（表7-18）。在第一个时间阶段（2002～2010年），西安市的全局社区吸引力上升8%，曲江遗址片区也有上升但上升幅度小；第二个时间阶段（2010～2016年），西安市的全局社区吸引力上升161%，曲江片区则上升得更加迅速，达到166%。因此，总体来说，在动态关系上，曲江遗址片区对西安市的影响是起到了良性的提升作用的。就半径10公里的社区吸引力来说，西安市先下降23%，后上升40%；而曲江片区先下降27%，后上升67%。虽然在第一阶段，曲江片区有些许恶性动态影响，但在后期则明显起到了良性的提升作用。观察半径5公里的社区吸引力的动态变化，会发现虽然二者在前一阶段都在下降，但曲江的下降幅度低于西安市，而第二时间阶段的上升幅度则大于西安市，因此曲江片区在两个时间阶段里对西安市的动态影响都是良性的。总体来说，曲江遗址片区对于西安城市空间的社区吸引力是起到了动态优化作用的。

曲江片区与西安动态社区吸引力比较 表7-18

单位（%）

	西安2002～2010年变幅	曲江2002～2010年变幅	西安2010～2016年变幅	曲江2010～2016年变幅
社区吸引力平均值 Rn	8（↑）	3（↑）	161（↑）	166（↑）
社区吸引力平均值 R10000	23（↓）	27（↓）	40（↑）	67（↑）
社区吸引力平均值 R5000	28（↓）	18（↓）	24（↑）	41（↑）

7.4.2 西安市与大明宫遗址片区

其次，考察大明宫遗址片区与西安市的动态关系（表7-19）。在第一个时间阶段里，二者的全局社区吸引力上升幅度一致。第二个时间阶段里，大明宫遗址片区的上升幅度高于西安市。因此，在全局半径下的社区吸引力上，大明宫遗址片区拉动了西安市的提升速度，起到了良性作用。半径10公里的社区吸引力，西安市和大明宫片区在2002～2010年间都有下降，但大明宫片区下降幅度小；在2010～2016年间，二者都有上升，而大明宫上升幅度大。因此，在该项指标上，大明宫遗址片区对西安市起到了动态提升作用。半径5公里的社区吸引力数值变化如下，2002～2010年间，西安市和大明宫遗址片区都下降，且大明宫片区下降幅度大，可视为恶性动态影响；2010～2016年间，二者都有上升，而大明宫上升幅度大，视为良性动态影响。综合而言，大明宫遗址片区在社区吸引力的动态影响上，对西安市也起到了优化提升的作用。

大明宫片区与西安动态社区吸引力比较　　　　　　　　　　　　　　　表 7-19

	西安2002~2010年变幅	大明宫2002~2010年变幅	西安2010~2016年变幅	大明宫2010~2016年变幅
社区吸引力平均值 Rn	8%（↑）	8%（↑）	161%（↑）	169%（↑）
社区吸引力平均值 R10000	23%（↓）	19%（↓）	40%（↑）	52%（↑）
社区吸引力平均值 R5000	27%（↓）	35%（↓）	24%（↑）	52%（↑）

7.4.3 西安市与汉城遗址片区

　　汉城遗址片区对西安市的动态影响也基本上都是良性的（表7-20）。在2002~2010年间，除了全局社区吸引力的增幅略低于西安市以外（轻微的恶性影响），另外两个半径下的社区吸引力的下降幅度都低于西安市，属于良性动态影响。而在2010~2016年间，两个空间系统的三个半径下的社区吸引力都在上升，且汉城遗址片区的社区吸引力上升速度高于西安市，因此均为良性影响。

汉城片区与西安动态社区吸引力比较　　　　　　　　　　　　　　　表 7-20

	西安2002~2010年变幅	汉城2002~2010年变幅	西安2010~2016年变幅	汉城2010~2016年变幅
社区吸引力平均值 Rn	8%（↑）	5%（↑）	162%（↑）	180%（↑）
社区吸引力平均值 R10000	23%（↓）	17%（↓）	40%（↑）	113%（↑）
社区吸引力平均值 R5000	28%（↓）	6%（↓）	24%（↑）	86%（↑）

　　综上所述，可以发现三个遗址片区在社区吸引力这一指标上的动态作用都是提升了西安市的总体水平，就这一点来说，遗址片区的规划建设是成功的。

7.5 小结

　　综上所述，就三个遗址片区对于西安市社区吸引力水平的静态影响来说，在2002年曲江遗址片区以恶性影响为主；大明宫遗址片区在全局为恶性，在局部为良性；汉城片区在全局为恶性，而在局部为良性。2010年，曲江遗址片区对于西安市的影响依然不佳；大明宫片区则在所有半径下的影响均转化为良性，汉城对于西安市的良性与恶性影响则逐渐削弱。2016年，曲江遗址片区虽然在局部半径的影响依然不好，但在全局半径内的社区吸引力影响转为良性；大明宫遗址片区对西安市的影响持续保持良性，且影响幅度加强；汉城遗址片区也发生了可喜的变化，其对西安市社区吸引力的影响，在全局和局部半径下都转化为良性。就动态比较而言，三个遗址片区自身的变化在社区吸引力下降时的速度迟缓于西安市，而上升时的速度则快于西安市，这说明曲江遗址片区对于西安市的动态影响始终是优化的。

通过对社区吸引力这一指标的全方位考察，不难发现，西安市对曲江、大明宫和汉城三个大遗址的保护规划在这个方面上是成功的。通过对三大遗址片区道路的整改，优化了三个遗址片区与西安市主城区的联系，同时也有利于三个片区自身形成一定的独特社区氛围，其社区吸引力有所提高，并间接拉动了西安市本身的城市吸引力。

一：研究的结论

本研究通过空间功能、城市生态、空间效率和社区吸引力四个方面，对西安市内三个大遗址片区与西安市整体进行了比较分析，通过数据采集和指标计算，对遗址片区在不同时间段下对西安市的影响趋势、影响程度进行了量化的阐述。

首先，就空间功能的研究结果来说，曲江遗址片区和大明宫遗址片区的开发都很好地带动了地区房地产的兴起，而汉城遗址片区在这方面尚处于起步阶段，还未体现出明显的激发效应。而旅游业的发展却并不非常理想，虽然曲江遗址片区在该方面有所进展，但另两个遗址片区却没有明显的旅游业带动作用。整体来说，从功能的复合型与数量来看，曲江遗址片区发展得最好，对西安市有着较好的推动作用；大明宫片区次之，与西安市整体水平持平；而汉城遗址片区目前还比较落后。

其次，就遗址区对城市生态的作用而言，曲江遗址片区从2002年的低于西安城市水平到目前已有了长足的发展，从2010年开始就对城市的生态环境起到了改善作用。大明宫遗址片区的进展则比较缓慢。受限于遗址本身的特征，大明宫遗址的生态环境始终不太理想，对于西安市的整体生态环境的作用也不太好，还有待于寻求更新的生态措施来改善这一现象。相比较而言，汉城遗址片区的生态状况比较稳定，在2002年时其各项生态指标优于西安市水平，但随着全市整体生态环境的改善，汉城遗址的优化作用就不那么明显了。

再次，本研究还考察了空间效率。空间效率是城市空间质量的指标之一，其特征是表述交通选择的概率与到达某条街道的难度。考核该指标的主要意义在于了解某个区域产生自发性社会和商业活动的可能性。由于大遗址保护区域的特殊要求，它们往往不利于这种自发性活动的产生。事实尽管如此，但尽量加强遗址片区的空间效率还是非常必要的。在西安市内，三个遗址区对西安市空间效率的影响不是很大。近年来，西安本身的空间效率水平就有所下降，而遗址片区内的空间效率也属于比较低的状态。在三个遗址中，只有汉城遗址对西安的空间效率产生了非常有限的积极影响，其他两大遗址片区对于西安市的空间效率影响都是不利的。这显然是由于城市道路网络在遗址区出现改变，以及主要道路在遗址周边不得不绕行而导致的。

最后，就社区吸引力这个指标来说，当进行静态比较时会发现三个遗址片区对于西安市全城的空间系统影响是有利有弊的，但是进行动态比较之后则发现，三个遗址片区的影响都是良性的。通过对社区吸引力指标的全面调查不难发现，西安对曲江、大明宫和汉城三大遗址片区保护规划项目的实施，在提升社区吸引力方面取得了显著的成功。通过对三大遗址片区的空间改造，优化了三大遗址与西安主城区的关系。

综上所述，通过对三个典型大遗址片区的量化研究，我们可以总结出如下结论：①截至目前，西安市的遗址片区规划开发项目在社区吸引力的提升上是完全成功的。②对空间功能和城市生态环境的改善作用有好有坏，目前尚有很大的改进余地。③对于空间效率来说，三大遗址片区的存在对西安市整体出行效率的影响还是比较不利的，在这一方面还有待于通过新的方法来解决。

二：研究的不足

本研究主要的方法是通过数据的采集来进行量化的比较，因此数据的全面性与准确性就非常重要。后者在研究的过程中通过调研和软件技术的支持得到了保证，但前者却没有能够达到完美。由于网络数据在早年间尚不普及，因此无法获得2002年的POI数据，这直接影响了空间功能部分的分析与其他部分在时间点上的差异，也造成空间功能研究在历史演化上的缺失。

此外，本研究另一个遗憾是历史卫星照片的精度不足导致的轴线图精度问题。虽然，本研究中所绘制的2002年、2010年和2016年的西安市道路轴线图已经非常准确，但相比较来说，还是2016年的轴线图最为精准，而2002年和2010年的轴线图都在不同程度上有一定的缺憾，主要体现在较小的道路不能全面绘制出来。尽管小的城市道路对于大尺度的研究几乎没有影响，但是路网密度对于小尺度（如半径500米）的研究结论还是有一定干扰的。这一问题也希望日后能够通过高清卫星照片或者其他更新的技术手段得以解决。

三：研究的特点和前景

本研究所采用的研究途径主要有三种：

其一，用于空间效率和社区吸引力研究的方法。即以空间句法理论为基础，通过Depthmap软件计算出空间属性值，来量化地描述与比较这两项指标。这一方法在目前建筑学和城市设计与规划领域已经得到广泛的应用。本研究在软件计算出的原始数据上进行了加工，例如将选择度与整合度相乘来表征社区吸引力数值，这一思路可以进行更为广泛和大胆的延伸。Depthmap的运算数据结论与城市现象之间的呼应关系，一直是空间句法研究的热点之一，对于运算数据的进一步加工也是为了让数据与城市现象或者人们的行为规律之间有着更为准确、直观的联系。因此，本研究这一方面的尝试可以继续扩展到更多的有关于空间数据和行为规律之间的关系研究中去。

其二，在空间功能的研究部分，本书并未使用传统的调研手段，而是采用了网络大数据分析的方法。相比实地调研，大数据所反映出的现象往往更加客观和普遍。实地调研经常受到天气、突发事件、调研人员与被观察对象个体状态的影响，而倾向于片段化和主观化，大数据则完全避免了这些问题。同时，实地调研无法实现历史信息的采集，而网络大数据则可以解决这个难题，通过对历史数据的收集，实现空间研究在时间轴上的数据比对。对于大数据的应用，也是当前的一大热门领域，本研究所采用的仅仅是大数据中的一个很小类型。实际上POI数据所包含的信息非常丰富，本文只采用了地理信息和功能类型，而其他更多信息的应用领域和使用方法显然无法估量。至少，通过本研究可以发现，利用POI数据进行空间功能的历史演化研究是可行而且准确的。

其三，对于城市生态这一指标的研究，本书使用较为成熟的景观生态学指标进行分析，研究采用了多种定量化、可视化研究和分析方法，包括ENVI影像处理、GIS空间分析、景观格局指数计算等，这一方法在景观学领域应用较为成熟，常用于量化分析某一区域城市生态空间的变化情况。其中，ENVI影像处理和GIS空间分析主要用来处理遥感图像，提取城乡景观空间变化的基础数据，景观格局指数主要用来定量化分析遗址片区景观空间面积的消长所引起的景观空间格局的变化。遥感科学、景观生态学和拓扑学等多学科的引入为探索遗址片区绿地空间的健康可持续发展提供了切实可行的科学技术手段。本书只选取了更适合遗址片区生态特点的多个指数进行分析，其他指数可以帮助进一步分析遗址空间或其他类型空间的更新改造中城市生态是否得到改善，研究表明可以通过此方法从生态角度评估空间发展的情况。

中文期刊

［1］梁印龙. 半城市化地区土地利用困境及其破解之道——以江阴、顺德为例［J］. 城市规划，2014，38（1）：85-90.

［2］刘安国，杨开忠. 克鲁格曼的多中心城市空间自组织模型评析［J］. 地理科学，2001（4）：315-322.

［3］肖莉. 让城市守护历史让历史守望未来大遗址保护与考古遗址公园建设［J］. 中国文化遗产，2010（1）：8-9.

［4］赵荣. 陕西省大遗址保护新理念的探索与实践［J］. 考古与文物，2009（2）：3-7，70.

［5］王嘉伟. 大遗址与城市现代化的关系考察：以西安市为例［J］. 建筑工程技术与设计，2014（9）：121-121.

［6］康骈撰，《剧谈录》（唐）.

［7］张关心. 大遗址保护与考古遗址公园建设初探——以大明宫遗址保护为例［J］. 东南文化，2011（1）：27-31.

［8］熊星，唐晓岚，王燕燕. 中国风景园林专业博士学位论文选题研究［J］. 中国园林，2015（2）：94-100.

［9］刘令贵，陈培强，蒋维乐. 大遗址保护视域下移民安置适应性问题研究——以乾陵大唐丝绸之路风情小镇设计为例［J］. 华中建筑，2018（1）：93-96.

［10］刘卫红. 田园城市视域下的汉长安城遗址保护利用模式研究［J］. 西北大学学报（自然科学版），2017（2）：283-288.

［11］王婷婷，黄文华. 大遗址的价值分析及保护方法初探［J］. 华中建筑，2016（10）：107-109.

［12］王璐，刘克成. 中国考古遗址公园中遗址展示的问题与原则［J］. 建筑学报，2016（10）：10-13.

［13］伍丹丹，时朋飞，周家安等. 基于游客感知的西安曲江旅游形象分析［J］. 资源开发与市场，2018（6）：855-861.

［14］杨毓婧. 从"曲江流饮"谈唐长安城市园林的公共性［J］. 华中建筑，2016（7）：143-145.

［15］吴寄斯，李晶. 曲江模式下历史文化标识体系建构［J］. 华中建筑，2015（10）：128-131.

［16］王新文，张沛，张中华. 城市更新视域下大明宫遗址区空间生产实践检讨及优化策略研究［J］. 城市发展研究，2017（2）：后插1-后插4.

［17］李骥，翟斌庆. 中国大遗址"公园化"当中的"原真性"问题再思考［J］. 中国园林，2016（5）：117-121.

［18］杨晓雅. 浅谈唐大明宫国家考古遗址公园历史文化［J］. 丝绸之路，2017（12）：47-48.

［19］刘卫红. 田园城市视域下的汉长安城遗址保护利用模式研究［J］. 西北大学学报（自然科学版），2017（2）：283-288.

［20］刘振东. 简论汉长安之郊［J］. 考古与文物，2016（5）：117-121.

［21］李文竹. 大遗址保护与村镇发展的矛盾与协同——以汉长安城遗址保护区内北徐寨为例［J］. 建筑与文化，2017（4）：99-100.

［22］孔若旸. 大遗址保护的环境视野——以汉长安城未央宫遗址区为例［J］. 建筑与文化，2017（7）：89-90.

［23］黄伟力. 基于POI的城市空间结构分析——以北京市为例［J］. 现代城市研究，2017（12）：87-95.

［24］王甫园，王开泳，陈田，等. 城市生态空间研究进展与展望［J］. 地理科学进展，2017，（2）：207-218.

［25］赖清华，马晓冬，谢新杰，等. 基于空间句法的徐州城市空间形态特征研究［J］. 规划师，2011（6）：96-100.

［26］杨滔. 空间句法的研究思考［J］. 城市设计，2016（1）：22-31.

［27］杨滔. 基于大数据的北京空间构成与功能区位研究［J］. 城市规划，2015（10）：2096-1235.

［28］赖清华，马晓冬，谢新杰，等. 基于空间句法的徐州城市空间形态特征研究［J］. 规划师，2011（6）：96-100.

［29］韩善锐，韦胜，周文. 基于用户兴趣点数据与Landsat遥感影像的城市热场空间格局研究［J］. 生态学报，2017（16）：5305-5312.

［30］刘建文，周玉科，梁娟珠. 基于自组织映射的北京主体功能区识别研究［J］. 测绘与空间地理信息，2018（3）：53-56.

［31］段亚明，刘勇，刘秀华. 基于POI大数据的重庆主城区多中心识别［J］. 自

然资源学报，2018（5）：788-800.

［32］赵彦云，张波，周芳. 基于POI的北京市"15分钟社区生活圈"空间测度研究［J］. 调研世界，2018（5）：17-24.

［33］刘辉，黄新，王京晶. 基于位置数据和POI的聚类方法［J］. 地理空间信息，2017（11）：46-49.

［34］李苗裔，马妍，孙小明. 基于多源数据时空熵的城市功能混合度识别评价［J］. 城市规划，2018（2）：97-103.

［35］戴伟，孙一民. 浅析景观格局多样性指数应用中的问题［J］. 华中建筑，2018（7）：5-7.

［36］翁燕萍，陆金森，魏绪英，等. 基于ArcGIS的南昌市象湖湿地公园景观格局分析［J］. 江西农业大学学报，2018（3）：561-569.

［37］朱沾斌，赵俊三. 基于GIS的昆明市呈贡区景观格局分析［J］. 浙江农业科学，2018（2）：248-251.

［38］张倩宁，谭诗腾，徐柱，等. 基于GLC30数据的斑块级别景观指标适用性及简化研究［J］. 国土资源遥感，2017（4）：98-105.

［39］何鹏，张会儒. 常用景观指数的因子分析和筛选方法研究［J］. 林业科学研究，2009（4）：470-474.

［40］郎文婧，李效顺，卞正富. 徐州市区土地利用格局变化分析及其空间扩张模拟［J］. 生态与农村环境学报，2017（7）：592-599.

［41］宋海宏，刘凌霄. 基于GIS的大地自然景观空间格局研究——以帽儿山国家森林公园为例［J］. 安徽农业科学，2017（21）：158-161.

［42］杨鑫，傅凡. 交通影响下的中国特大城市景观格局研究——以北京为例［J］. 城市发展研究，2015（7）：58-63.

［43］杨滔. 空间句法：基于空间形态的城市规划管理［J］. 城市规划，2017（2）：27-32.

［44］盛强，刘星. 社区级中心发展演变的空间分析［J］. 新建筑，2016（1）：78-83.

［45］赵星烁，杨滔. 美国新城新区发展回顾与借鉴［J］. 国际城市规划，2017（2）：10-17.

［46］高鉴国. 社区意识分析的理论建构［J］. 文史哲，2005（5）：129-136.

［47］罗英豪. 社会建构论视角下的现代城市社区意识［J］. 北京工业大学学报（社会科学版），2007，7（2）：41-43.

［48］杨滔. 一种城市分区的空间理论［J］. 国际城市规划，2015（3）：43-52.

［49］刘星，盛强，杨振盛. 街景地图对街道活力分析的适用性研究［J］. 城市建筑，2018（6）：40-43.

［50］盛强，杨滔，刘宁. 空间句法与多源新数据结合的基础研究与项目应用案例［J］. 时代建筑，2017（5）：38-43.

［51］和红星. 城市复兴在古城西安的崛起——谈西安"唐皇城"复兴计划. 城市规划，2008（2）：93-96.

［52］田涛，程芳欣. 西安市文化资源梳理及古城复兴空间规划［J］. 规划师，2014（4）：98-100.

［53］张沛，程芳欣，田涛. 西安"泛博物馆"城市文化体系构建研究［J］. 规划师，2012（5）：106-109.

［54］张松. 促进文化表现多样性的城市保护［J］. 现代城市研究，2013（4）：16-19.

［55］郭湘闽，刘长涛. 基于空间句法的城中村更新模式——以深圳市平山村为例［J］. 建筑学报，2013（3）：1-7.

［56］庄宇，张灵珠，戴晓玲. 多层面商业空间整合度与人流量关联性分析［J］. 同济大学学报（自然科学版），2012（11）：1620-1626.

［57］孙施文. 基于城市建设状况的总体规划实施评价及其方法［J］. 城市规划学刊，2015，（3）：9-14.

［58］Michael Batty，著. 赵怡婷，龙瀛，译. 未来的智慧城市［J］. 国际城市规划，2014（6）：12-19.

外文期刊

［1］Plexida S G, Sfougaris A I, Ispikoudis I P, et al. Selecting landscape metrics as indicators of spatial heterogeneity-A comparison among Greek landscapes[J]. International Journal of Applied Earth Observation and Geoinformation, 2014 (26): 26-35.

［2］M Fonseca, F Sobreira, Rainho M E, et al. Development of Urban Space and its Implications for the Preservation of Landmarks: The Morro Brazil[J]. Cities, 2001, 18 (6): 381-389.

［3］Ji W, Ma J, Twibel R W, et al. Characterizing urban sprawl using multi-stage remote sensing images and landscape metrics[J]. Computers, Environment and Urban Systems, 2006 (6): 861-879.

［4］Hillier B, Penn A, Hanson J, et al. Natural Movement: or, Configuration and Attraction in Urban Pedestrian Movement[J]. Environment and Planning B: Planning and Design, 1993 (20): 29-66.

［5］Hillier B, Yang T, Turner A. Normalizing Least Angle Choice in Depthmap-and How It Opens Up New Perspectives on the Global and Local Analysis of City

Space[J]. Journal of Space Syntax, 2012, 3 (2): 155-193.

［6］ Hankins K, Walter A. Gentrification with Justice: An Urban Ministry Collective and the Practice of Place-making in Atlanta's Inner-city Neighborhoods [J]. Urban Studies, 2012, 49 (7): 1507-1526.

［7］ Van Gent W, Neo liberalization. Housing Institutions and Variegated Gentrification: How the Third Wave Broke in Amsterdam[J]. International Journal of Urban and Regional Research, 2013, 37 (2): 503-522.

［8］ Kovács Z, Wiessner R, Zischner R. Urban Renewal in the Inner City of Budapest: Gentrification from A Post-Socialist Perspective[J]. Urban Studies, 2013, 50 (1): 22-38.

［9］ Arapoglou V P. Diversity, Inequality and Urban Change[J]. European Urban and Regional Studies, 2012, 19 (3): 223-237.

［10］ Jim C Y. Assessing growth performance and deficiency of climber species on tropical greenwalls[J]. Landscape and Urban Planning, 2015 (137): 107-121.

［11］ Norah H. Ostby K. Pocket parks for people—A study of park design and use[J]. Urban Forestry & Urban Greening, 2013 (12): 12-17.

［12］ Karakiewicz. Paper Effects of access to public open spaces on walking: Is proximity enough? [J]. Landscape and Urban Planning, 2013 (2): 92-99.

［13］ Perini K, Marc Otte M, Haas E M. Rossana Raiteri, Vertical greening systems:a process tree for green facades and living walls[J]. Urban Ecosyst, 2013 (16): 265-277.

［14］ Mohammad J K, Andrew T K,Billie G C, et al. Effects Of access to public open spaces on walking: Is proximity enough? [J]. Landscape and Urban Planning, 2013 (117): 92-99.

［15］ Bakar NIA, Mansor M, Harun N Z. Vertical Greenery System as Public Art? Possibilities and challenges in Malaysian urban context[J]. Procedia-Social and Behavioral Sciences, 2014 (153): 230-241.

［16］ Peschardt K K, Schipperijn J, Stigsdotter U K. Use of small public urban green spaces[J]. Urban Forestry & Urban Greening, 2013 (3): 235-244.

［17］ Ignatieva M, Stewart G H, Meurk C. Planning and design of ecological networks in urban areas[J]. Landscape & Ecological Engineering, 2011, 7 (1):17-25.

［18］ Lee Y, Kim K. Attitudes of Citizens towards Urban Parks and Green Spaces for Urban Sustainability: The Case of Gyeongsan City[J]. Republic of Korea, 2015, 7 (7): 8240-8254.

［19］Niu X, Wang B, Liu S R, et al. Economical assessment of forest ecosystem services in China: Characteristics and implications[J]. Ecological Complexity, 2012 (11): 1-11.

［20］Jason T F, Stan B, Susan J H. The protean relationship between boreal forest landscape structure and red squirrel distribution at multiple spatial scales[J]. Landscape Ecology, 2005, (20): 73-82.

［21］Lian L, Mai X, Song W, et al. An experimental study on four-directional intersecting pedestrian flows[J]. Joumal of Statistical Mechanics: Theory and Experiment, 2015 (2015): 08-24.

［22］Liao W, Seyfi-ied A, Zhang J, et al. Experimental study on pedestrian flow through wide bottleneck[J]. Transportation Research Procedia, 2014 (2).

［23］Elia B E, Pace D R, Bifulco G N, et al. The impact of travel information's accuracy on route-choice[J]. Transportation Research Part C:Emerging Technologies, 2013 (26):146-159.

［24］Echenique M H, Hargreaves, A J, et al. Growing Cities Sustainably[J]. Journal of the American Planning Association, 2012 (78): 121-137.

［25］Futcher, Ja & Mills. The role of urban form as an energy management parameter[J]. Energy Policy, 2013 (53): 218-228.

［26］Ickman R. Sizing up the City: Urban Form and Transport in New Zealand[J]. Journal of Urban Design, 2015 (18): 310-312.

［27］Naess P. Urban form and travel behavior: Experience from a Nordic context[J]. The Journal of Transport and Land Use, 2012 (5): 21-45.

［28］Ossola A, Hahs A K, Livesley S J. Habitat complexity influences fine scale hydrological processes and the incidence of storm water runoff in managed urban ecosystems[J]. Journal of Environmental Management, 2015, 159 (8):1-10.

［29］Zhai B, Ng M K. Urban regeneration and social capital in China: A case study of the Drum Tower Muslim District in Xi'an[J]. Cities, 2013, 35 (12): 14-25.

［30］Luederitz C, Brink E, Gralla F, et al. A review of urban ecosystem services:six key challenges for future research[J]. Ecosystem Services, 2015, 14 (8): 98-112.

［31］Peng C, Ming T, gui J, et al. Numerical analysis on the thermal environment of an old city district during urban renewal[J]. Energy and Buildings, 2015 (89): 18-31.

［32］Dinardi C. Unsettling the role of culture as panacea: The politics of culture-led urban regeneration in Buenos Aires[J]. City, Culture and Society, 2015 (6): 9-18.

［33］Alpopi C, Manole C. Integrated Urban Regeneration-Solution for Cities Revitalize[J]. Procedia Economics and Finance,2013 (6): 178-185.

［34］Darren S, Roux L, Ikin K, et al. Reduced availability of habitat structures in urban landscapes: Implications for policy and practice[J]. Landscape and Urban Planning, 2014 (125): 57-64.

［35］Auerbach G. Urban politics and public policy-Looking back and going forward: "Project Renewal" in one Israeli city[J]. Cities, 2013 (4): 197-207.

［36］Spinney J, Kanaroglou P, Scott D. Exploring Spatial Dynamics with Land Price Indexes[J]. Urban Studies, 2011 (4): 719-735.

［37］Tsou K W, Cheng H T. The effect of multiple urban network structures on retail patterns-A case study in Taipei[J]. 2013 (7): 13-23.

［38］Laprise M, Lufkin S, Rey E. An indicator system for the assessment of sustainability integrated into the project dynamics of regeneration of disused urban areas[J]. Building and Environment, 2015 (4): 29-38.

［39］Perez M G R, Rey E. A multi-criteria approach to compare urban renewal scenarios for an existing neighborhood-Case study in Lausanne (Switzerland)[J]. Building and Environment, 2013 (7): 58-70.

［40］Luscher P, Weibel R. Exploiting empirical knowledge for automatic delineation of city centres from large-scale topographic databases[J]. Computers, Environment and Urban Systems, 2013 (37): 18-34.

［41］Purcell M. Possible Worlds: Henri Lefebvre and the Right to the City[J]. Journal of Urban Affairs, 2014, 36 (1): 141-154.

中文论著、报告与法规

［1］段进. 城市空间发展论［M］. 南京：江苏科学技术出版社，2006.

［2］张勇强. 空间研究2——城市空间发展自组织与城市规划［M］. 南京：东南大学出版社，2006.

［3］大遗址保护专项经费管理办法. 财政部、国家文物局联合发布，2005.

［4］西安市汉长安城遗址保护工作情况汇报［R］. 汉长安遗址保管所，2015.

［5］中国科学院自然科学史研究所. 中国古代建筑技术史［M］. 北京：科学出版社，2000.

［6］西安市第四次总体规划（2008—2020年）. 西安市规划局、西安市城市规划设计院，2009.

［7］比尔·希列尔，段进. 空间句法在中国［M］. 南京：东南大学出版社，2015.

［8］穆一，等. 空间句法简明教程［M］. 深圳：深圳大学建筑设计研究院，2015.

［9］田涛. 古城复兴：西安城市文化基因梳理及其空间规划模式研究［M］. 北京：中国建筑工业出版社，2017.

［10］段进，比尔希·列尔. 空间研究14：空间句法在中国［M］. 南京：东南大学出版社，2015.

［11］竺剡瑶. 建筑遗产与城市空间整合量化方法研究——以西安市为例［M］. 南京：东南大学出版社，2014.

［12］吴良镛. 人居环境科学导论［M］. 北京：中国建筑工业出版社，2001.

［13］胡明星，金超. 基于GIS的历史文化名城保护体系应用研究［M］. 南京：东南大学出版社，2012.

［14］吴良镛. 中国人居史［M］. 北京：中国建筑工业出版社，2015.

［15］和红星. 西安於我［M］. 天津：天津大学出版社，2010.

［16］温宗勇. 规划的炼成——传统与现代在博弈中平衡［M］. 北京：中国建筑工业出版社，2014.

［17］锁言涛. 曲江模式［M］. 北京：中共中央党校，2011.

［18］张沛等. 中国城乡一体化的空间路径与规划模式——西北地区实证解析与对策研究［M］. 北京：科学出版社，2015.

［19］吴良镛. 人居科学导论［M］. 北京：中国建筑工业出版社，2001.

［20］张京祥，等. 西方城市规划思想史纲［M］. 南京：东南大学出版社，2005.

［21］单霁翔. 从"功能城市"走向"文化城市"［M］. 天津：天津大学出版社，2007.

［22］单霁翔. 城市化发展与文化遗产保护［M］. 北京：中国建筑工业出版社，2009.

［23］陈薇. 文物建筑保护与文化学——整体的哲学［M］. 北京：中国建筑工业出版社，2009.

［24］清华大学国家遗产中心. 中国古迹遗址保护协会会议论文集［C］. 北京：清华大学出版社，2014.

［25］道格·桑德斯. 落脚城市——最后的人类大迁徙与我们的未来［M］. 上海：上海译文出版社，2012.

［26］张鹂. 城市里的陌生人——中国流动人口的空间、权力与社会网络的重构［M］. 南京：江苏人民出版社，2014.

［27］吴志强，李德华. 城市规划原理［M］. 北京：中国建筑工业出版社，2010.

［28］杨·盖尔，欧阳文. 人性化的城市［M］. 徐哲文，译. 北京：中国建筑工业出版社，2013.

［29］韩西丽，彼得·斯约斯特洛姆. 城市感知——城市场所中隐藏的维度［M］. 北京：中国建筑工业出版社，2016.

［30］李敏，李伟农，佘美萱. 澳门园林建设与绿地系统规划研究［M］. 北京：

中国建筑工业出版社，2010.

［31］邬建国. 景观生态学：格局、过程、尺度与等级［M］. 北京：高等教育出版社，2009.

［32］郭怀成，王真，郁亚娟. 城市交通环境系统优化与管理［M］. 北京：化学工业出版社，2011.

［33］立新. 交通能源消费及碳排放研究［M］. 北京：中国经济出版社，2011.

［34］曾维华. 环境承载力理论、方法及应用［M］. 化学工业出版社，2014.

［35］熊国平. 当代中国城市形态演变［M］. 北京：中国建筑工业出版社，2009.

［36］江滨，黄波，陆锋. GIS环境下的空间分析和地学视觉化［M］. 北京：高等教育出版社，2010.

［37］边经卫. 城市形态：演变与发展——厦门城市空间发展规划研究［M］. 北京：中国建筑工业出版社，2013.

［38］Monno Jan Kraak. 地图学——空间数据可视化［M］. 北京：科学出版社，2014.

［39］菊地利夫. 历史地理学的理论与方法［M］. 西安：陕西师范大学出版社，2014.

［40］张京祥，罗震东. 中国当代城乡规划思潮［M］. 南京：东南大学出版社，2013.

［41］陈必壮，陆锡明，董治国. 上海交通模型体系［M］. 上海：中国建筑工业出版社，2011.

［42］刘易斯·芒福德. 城市发展史——起源、演变和前景［M］. 宋俊岭，倪文彦，译. 北京：中国建筑工业出版社，2005.

［43］安·吉登斯. 现代性的后果［M］. 黄平，刘东，田禾，译. 江苏：译林出版社，2011.

［44］［日］藤田昌久，［美］保罗·R·克鲁格曼，［英］安东尼·J·维纳布尔斯. 空间经济学——城市，区域与国际贸易［M］. 梁琦，译. 北京：中国人民大学出版社，2013.

［45］［美］尼科斯·A·萨林加罗斯. 城市结构原理［M］. 阳建强，程佳佳，刘凌，译. 北京：中国建筑工业出版社，2011.

［46］［美］西里尔·鲍米尔. 城市中心规划设计［M］. 冯洋，译. 沈阳：辽宁科学技术出版社，2007.

［47］杨俊宴. 城市中心区规划理论与方法［M］. 南京：东南大学出版社，2013.

［48］乃全. 空间集聚论［M］. 上海：上海财经大学出版社，2012.

［49］张为平. 隐形逻辑——香港，亚洲式拥挤文化的典型［M］. 南京：东南大学出版社，2012.

［50］刘春成，侯汉坡. 城市的崛起：城市系统学与中国城市化［M］. 北京：中央文献出版社，2012.

［51］牛强. 城市规划GIS技术应用指南［M］. 北京：中国建筑工业出版社，2012.

［52］彭翀，顾朝林. 城市化进程下中国城市群空间运行及其机理［M］. 南京：东南大学出版社，2011.

［53］沃尔特·克里斯泰勒. 德国南部的中心地［M］. 常正文，王兴中，译. 北京：商务印书馆，1998：导言6.

［54］周冰. 大明宫：炙热的大遗址［M］. 北京：人民出版社，2009：序2.

外文论著

［1］Bourne L S. Internal Structure of the City: Reading on Urban Form. Growth and Policy[M]. Oxford: Oxford University Press, 1982.

［2］Hillier B, Hanson J. The Social Logic of Space [M]. Cambridge: Cambridge University Press, 1984.

［3］Portugal J. Self-Organization and the City [M]. Springer-Verlag Berlin Heidelberg, 2000.

［4］Smith N. The New Urban Frontier: Gentrification and the Revanchist City[M]. Routledge, 2012.

［5］Lees L, Slater T, Wyly E. Gentrification[M]. Routledge, 2013.

［6］Gray D R. Effacing the Imagined Slum: Space, Subjectivity, and Sociality in the Margins of New Orleans[M]. The University of Chicago, 2012.

［7］Bridge G, Butler T, Lees L. Mixed communities: Gentrification by stealth? [M]. Policy Press, 2012.

［8］Cuthbert A R. The Form of Cities: Political Economy and Urban Design[M]. Oxford: Blackwell Publishing Ltd, 2011.

［9］Batty M. The New Science of Cities[M]. The MIT Press, 2013.

［10］Cuthbert A R. The Form of Cities: Political Economy and Urban Design[M]. Oxford: Blackwell Publishing, 2006

［11］Allen P M. Cities and Regions as Self-Organizing Systems: Models of Complexity[M]. Amsterdam: Gordon and Breach Science Publishers, 1997.

［12］Madanipour A. Urban Design and Public Space[M]. International Encyclopedia of the Social & Behavioral Sciences (Second Edition), 2015.

［13］Long Y, Shen Z. Geospatial Analysis to Support Urban Planning in Beijing[M]. Cham: Springer International Publishing, 2015: 115-132.

学位论文

[1] 张新生. 城市空间动力学模型研究及应用 [D]. 北京：中科院地理所，1997.

[2] 孙战利. 基于元胞自动机的地理时空动态模拟研究 [D]. 北京：中科院地理所，1999.

[3] 孙炬. 西安曲江新区规划理念——西安城市特色保护 [D]. 西安：西安建筑科技大学，2004.

[4] 穆博. 郑州城乡空间消长与绿地结构调控 [D]. 河南农业大学，2016.

[5] 张远景. 哈尔滨中心城区生态网络分析及其景观生态格局优化研究 [D]. 东北农业大学，2015.

[6] 李卉姗. 基于空间句法的历史商业街区空间形态演变研究——以青岛中山路历史街区为例 [D]. 青岛理工大学，2016.

[7] 王雪梅. 城市规划中的文化发展策略研究 [D]. 北京：中央美术学院，2012.

[8] 柏强. 基于文化生态学的开封古城保护与更新研究 [D]. 郑州：河南大学，2013.

[9] 沈尧. 基于空间组构的历史街区保护与更新影响因子与平衡关系研究——以天津五大道为例 [D]. 天津：天津大学，2012.

[10] 瞿颖. 基于产城融合理念的土地利用结构优化研究——以扬中市为例 [D]. 南京：南京师范大学，2015.

[11] 谢刚. 陕西省土地利用结构对经济增长的影响研究 [D]. 杨凌：西北农林科技大学，2016.

[12] 王超. 浙江省城市化与城市土地利用结构的相互关系研究 [D]. 杭州：浙江大学，2015.

[13] 鲁春阳. 城市用地结构演变与产业结构演变的关联研究 [D]. 重庆：西南大学，2011.

[14] 万汉斌. 城市高密度地区地下空间开发策略 [D]. 天津：天津大学，2013.

[15] 白海花. 内蒙古乌审旗近20年的植被景观动态及预测 [D]. 呼和浩特：内蒙古农业大学，2012.

[16] 孙皓铭. 城市空间格局的动态分析——以珠海市主城区为例 [D]. 北京：中央民族大学，2013.

[17] 孙逊. 基于绿地生态网络构建的北京市绿地体系发展战略研究 [D]. 北京：北京林业大学，2014.

[18] 杨盼盼. 基于RS和GIS的技术的城市绿地综合评价及生态绿地系统构建——以济南市为例. 济南：山东建筑大学，2014.

［19］任慧君．区域生态安全格局评价与构建研究［D］．北京：北京林业大学，2011．

［20］许熙巍．生态安全目标导向下天津市中心城区用地优化研究［D］．天津：天津大学，2012．

［21］蔡青．基于景观生态学的城市空间格局演变规律分析与生态安全格局构建［D］．长沙：湖南大学，2012．

西安市大遗址保护对城市空间影响的量化分析

这本论著是我近三年来研究工作的一次重要总结，是对我主持的国家自然科学基金"西安市休闲型遗址空间对城市空间系统的影响度量化分析"的最终成果汇报。在整个研究过程中，有许多学者、老师和同学给予了我莫大的支持和帮助。

衷心感谢在空间句法领域有着深入研究和杰出贡献的杨滔老师、盛强老师，他们在许多关键的句法概念和参量的应用上给了我重要的指导。他们严谨的科学研究态度、精益求精的工作作风，以及敏锐的观察力使我受益良多。还要感谢西安建筑科技大学的郑晓伟老师，他为我的研究提供了无私的帮助，在西安市道路网的生成和检测方面，提供了重要的技术支持。这个研究的完成，在前期依托了大量的数据采集和整理，以及大量的文献调研，这些烦琐细致的工作离不开与我一起辛苦付出的同学们。通过这次研究工作的展开，他们已经不仅仅是我的学生，也成为在探索道路上一同前行的朋友。在本书中，李丹阳同学完成了第四章和第五章的写作，此外，还要特别感谢刘旭东、王怡心、赵梓婷、高爽、黄晓滢、孙万齐、佘欣艺同学协助我完成了前期调研。研究的完成离不开你们的帮助！

在数据化研究的领域里，还有许多年轻的学者和同学们在不断地探索着，他们对于研究的热情，对于个人研究成果无私共享的精神，深深地感染了我。尽管许多人素未谋面，仅仅是在网上有所交流，但正是这样一种开放、自由的学术研究氛围，吸引着我一直在这一领域不断地探索下去。

每一个答案都会带来更多的疑问，任何一个研究的结束，都是下一个研究的开始。本书所采用的研究数据与方法还有许多不足之处，有待于在日后进一步修正和完善。最后，再次感谢以上为我提供帮助和支持的同道中人，愿我们都能够在日后的研究工作中取得更好的成绩。